NICOLAVS COPERNICVS

Des Georg Joachim Rhetikus

Erster Bericht

über

DIE 6 BÜCHER DES KOPERNIKUS

von den

KREISBEWEGUNGEN DER HIMMELSBAHNEN

Übersetzt und eingeleitet

von

KARL ZELLER

Mit 21 Figuren und einem Bildnis

München und Berlin 1943
Verlag von R. Oldenbourg

Dem feinsinnigen Erwecker der Gedankenwelt Keplers

Herrn Prof. Dr.
MAX CASPAR-MÜNCHEN

in dankbarer Freundschaft
gewidmet

VORWORT

Die wissenschaftliche Welt rüstet sich allenthalben, den vierhundertsten Todestag des Astronomen Nikolaus Kopernikus würdig zu begehen. Der Klang dieses Namens ist so rein und stark, daß er auch durch den tobenden Waffenlärm des Krieges zu dringen vermag. Ist doch das Leben seines Trägers eine heroische Tat gewesen. Der stille Frauenburger Domherr hat sich ein ganzes Menschenleben, bei nächtelangem, strapaziösem Sternbeobachten und aufreibenden Rechenarbeiten im Tageslicht in einem beispiellos zähen und selbstlosen Ringen um den überzeugenden Beweis einer ihm gewordenen Erkenntnis bemüht und durch die Frucht dieser Lebensarbeit, die „Sechs Bücher über die Kreisbewegungen der Himmelsbahnen" das Fundament geschaffen, auf dem seine Nachfolger, Tycho Brahe, Kepler und Newton den neuen Himmelsbau aufrichten konnten, der eines der wesentlichen Merkmale der „Neuzeit" geworden ist. Das deutsche Volk, zu dem sich der Forscher jederzeit bekannt hat, sieht es als seine Ehrenpflicht an, dem kühnen und tapferen Geist ein würdiges Denkmal zu schaffen. Die letzte und beste Ausgabe der „Kreisbewegungen", die Thorner Jubiläumsausgabe von 1873, ist längst vergriffen und nach dem genaueren Bekanntwerden des Manuskripts verbesserungsbedürftig geworden, die sonstigen Schriften finden sich nur zerstreut. Deshalb hat die Deutsche Forschungsgemeinschaft in großzügiger Weise der unter dem Vorsitz des Herrn Reichsamtsleiters Dr. Fritz Kubach, München, gebildeten Kommission die Mittel zur Herausgabe der ganzen literarischen Hinterlassenschaft des Kopernikus zur Verfügung gestellt. So konnten die Vorarbeiten für ein großes

Sammelwerk von neun Bänden in Angriff genommen werden. Dieses wird enthalten: eine Faksimileausgabe der im Besitz der Grafen von Nostitz befindlichen Handschrift des Hauptwerks, eine textkritische Ausgabe und eine Übersetzung desselben, ferner die kleineren Schriften, die Briefe, Rezepte und Buchbemerkungen je in Ursprache und Übersetzung, weiterhin ein Urkundenbuch mit allen uns bekannt gewordenen Nachrichten über Leben und Wirken des Kopernikus, eine Bibliographie und eine Kopernikusbiographie.

Da der Abschluß der umfangreichen Arbeiten bei den heutigen Verhältnissen noch nicht zu übersehen ist, hat sich der Verlag des Sammelwerkes, R. Oldenbourg, München-Berlin, entschlossen, in dem vorliegenden Bändchen das wichtigste zeitgenössische Zeugnis über das Hauptwerk des Kopernikus zum erstenmal in vollständiger deutscher Übersetzung als seine Festgabe der Öffentlichkeit zu übergeben. Wie die „Narratio Prima" des Rhetikus einst die erste genauere Kunde von dem neuen Weltsystem und seinem Schöpfer in die damalige Gelehrtenwelt getragen hat und Vorläufer des großen Hauptwerkes geworden ist, so möchte diese deutsche Übersetzung, der „Erste Bericht", den Weg zu einer würdigen Gedenkfeier bereiten, indem sie den deutschen Menschen das Werk und die Art des Mannes Kopernikus so zeigt, wie die Augen des begabten jungen Zeitgenossen beide gesehen haben, der aus Wittenberg kommend, wo man nicht nur in religiösem Gegensatz zu dem bei der alten Kirche verbliebenen Frauenburger Domherrn stand, sondern auch seine astronomische Lehre scharf verurteilte, zu ihrem begeisterten Herold geworden ist. Das Bild, das wir vom Charakter des Kopernikus wie auch von dem Kampf um die Anerkennung seines Weltsystems überkommen haben, hat unter dem Parteienhader der nachfolgenden Jahrhunderte gelitten; wir können daher das Jubiläum nicht würdiger begehen, als in dem ehrlichen Bemühen, durch die verzeichnende Firnisschicht der zwischenliegenden Zeit hindurchzudringen, um in ehrfürchtiger Schau der wahren Größe der Kopernikanischen Um-

wälzung des Weltbildes Verständnis für die Kämpfe um seine
Anerkennung zu gewinnen und unsere geistige Einheit zu
stärken.

Als Titelbild ist ein in meinem Besitz befindlicher Stich
des Kopernikus gewählt, der schon von Batowski in seinen
Kopernikusbildnissen nach einem Original aus dem Czar-
toryskimuseum in Krakau veröffentlicht ist. Batowski spricht
die Meinung aus, daß er nach dem Straßburger Kopernikus-
porträt oder dem Holzschnitt von Stimmer gestochen sei. Die
überraschende Unmittelbarkeit der Gesichtszüge will er der
hohen Künstlerschaft des unbekannten Schöpfers zuschreiben.
Zweifellos verrät der Stich eine ungewöhnliche künstlerische
Begabung, aber der genaue Beobachter entdeckt starke tech-
nische Mängel, die einem Meister des 17. Jahrhunderts, in
das die Entstehung nach Batowski zu verweisen wäre, nicht
zustoßen konnten. Das besondere Merkmal des Stichs ist die
Verzeichnung der Nägel am Daumen der einen und an den
übrigen vier Fingern der anderen Hand, die auf der inneren
Handseite erscheinen, während die Stimmerschen Bilder diesen
Fehler nicht zeigen. Dieses Merkmal macht es wahrscheinlich, daß sein Verhältnis zu den Stimmerschen Bildern, das
Batowski vermutet, umgekehrt ist. Darum und vor allem wegen
der Lebensnähe des Gesichtsausdrucks, die den Stich
vor den übrigen Kopernikusbildnissen auszeichnet, verdient
er eine besondere Beachtung. Der genannte Fehler würde eine
natürliche Erklärung finden durch die Annahme, daß ein im
Zeichnen nicht eingehend geübter und geschulter Mann
sich selbst nach dem Spiegelbild darstellen wollte und durch
zeitweilige direkte Betrachtung seiner Hände zu dieser Verzeichnung verleitet wurde. So ist man versucht, an den Bericht
Gassendis von der Selbstporträtierung des Kopernikus zu
denken, zumal der Schnitt der Kleidung, der freie Hals, die
Haartracht, die Haltung (man vergleiche die Haltung eines
bekannten Dürerschen Selbstporträts) in das zweite Jahrzehnt
des sechzehnten Jahrhunderts verweisen und das Alter der
dargestellten Person mit dem damaligen Lebensalter des Ko-

X

pernikus vereinbar ist. So hat die Vermutung guten Boden, daß der Stich dem Kopernikusselbstbildnis näher steht als die Stimmerschen Bilder.

Bei dieser Arbeit bin ich wesentlich gefördert worden durch Herrn Professor Dr. Max Caspar, München, der mir nicht nur die Anregung gegeben, sondern mich auch mit Rat und Tat eifrig unterstützt hat. Ihm bin ich zu größtem Dank verbunden. Herzlichen Dank schulde ich auch meinem Bruder, Herrn Studiendir. Dr. Franz Zeller, Riedlingen, der mich in sprachlichen Fragen beraten, die vielen griechischen Zitate, für deren Übersetzung keine Quelle angegeben ist, übersetzt und die Arbeit der Korrektur mit mir geteilt hat. Der Mühe und Sorgfalt des Verlags R. Oldenbourg ist es gelungen, dem Bändchen trotz aller Schwierigkeiten die schöne, vornehme Ausstattung zu geben.

Stuttgart, im Februar 1943.   Karl Zeller

INHALTSVERZEICHNIS

XII

EINLEITUNG

Die Gelehrten der kulturell führenden Völker des Mittelalters entnahmen ihre Anschauungen über den Bau der Welt den Lehren der griechischen Astronomen Hipparch und Ptolemäus, die im großen Lehrbuch der Astronomie des letzteren, im Almagest, ihre endgültige Formulierung gefunden hatten. Aber je länger, je mehr wichen die Beobachtungen von den nach den griechischen Vorschriften errechneten Zeiten und Örtern der Gestirne ab, und Größen, die Ptolemäus für fest gehalten hatte, erwiesen sich als veränderlich. In unbeirrbarem Glauben an die Autorität der großen Griechen hielt man dennoch zäh an der Überlieferung fest und suchte das System durch Hinzufügen immer neuer Epizykel und Sphären den Beobachtungen anzupassen. Immer verwickelter waren daher die Rechnungen, immer unvorstellbarer die angenommenen Vorgänge geworden, und doch klafften die Beobachtungs- und Rechnungsergebnisse immer weiter auseinander. Im 15. Jahrhundert erwiesen vor allem die Arbeiten der Wiener Astronomenschule unter Johann von Gemünd, Peuerbach und Regiomontan die Unmöglichkeit, mit gelegentlichen Ausbesserungen der Kalamität abzuhelfen. Der geniale Regiomontan war sich bewußt, daß eine Erneuerung des ganzen Gebäudes von Grund auf nötig war, und daß diese peinlichst genaue Beobachtungen zur Voraussetzung hatte. Er schuf sich in Nürnberg die nötigen Beobachtungsgeräte und begann im besten Mannesalter das Werk. Als ihn in Rom, wohin er vom Papst zur Vorbereitung der Kalenderreform berufen worden war, bald darauf die Pest dahingerafft hatte, blieben wohl sein Gönner, Freund und Schüler Walther und nach ihm der Pfarrer Werner als gewissenhafte Beobachter

zurück, die eine Beobachtungsreihe sammelten, deren Genauig-
keit alle früheren Leistungen übertraf. Aber die Geistes- und
Willenskraft fehlte, die den Versuch hätte wagen können, mit
diesem gesammelten Material den rissigen Bau der klassischen
Astronomie zu erneuern und zu festigen. Indessen wurde das
Bedürfnis um so dringender und allgemeiner gefühlt.

Erst im 16. Jahrhundert, um die Mitte des vierten Jahrzehnts,
raunte man in den Gelehrtenkreisen Deutschlands von dem
neuen Weltsystem des Kopernikus, des stillen Frauenburger
Forschers. Die Kunde mag veranlaßt worden sein durch das
Jahrbuch, das Kopernikus 1535 einem Krakauer Freunde
mitgab, und in dem er behauptete, die Berechnungen der
Astronomen stimmten deshalb nicht mit den Beobachtungen
überein, weil sie falsche Hypothesen benützten. Sie kam in
Wittenberg zu dem jungen Mathematikprofessor Georg Joachim von Lauchen, der sich, der weitverbreiteten Hu-
manistensitte folgend, nach seinem Heimatgau Vorarlberg,
einem Teil des alten Rhätien, den Gelehrtennamen Rhetikus
beigelegt hatte, der in deutschen Schriften dann und wann
in der Verstümmelung Rhetz erscheint. In der schon über
ein Jahrhundert alten Lateinschule seines Heimatstädtchens
Feldkirch, dem mancher damals berühmte Mann, wie der
als Arzt und Geograph verdienstvolle Humanist Dr. Hiero-
nymus Münzer und der Maler Wolfgang Hueber entstammte,
erwarb sich der 1514 geborene Georg Joachim jene gründ-
lichen Kenntnisse der lateinischen Grammatik, die sein spä-
terer lateinischer Sprachstil aufweist. Hernach war er zusammen
mit Konrad Geßner Schüler bei Oswald Mykonius in Zürich.
Auf der erst 1502 gegründeten Universität Wittenberg war
Melanchthon auf die glänzende und vielseitige Begabung aufmerksam geworden. Nachdem der junge Scholar dort im Jahre
1535 die Magisterwürde erworben hatte, trieb ihn die Vorliebe für Astronomie und Mathematik nach Nürnberg, wo
Johann Schöner das Erbe Regiomontans, soweit es noch
vorhanden war, hütete und dessen nichtveröffentlichten Werke
herausgab. Von ihm wurde er in die Gedanken und Arbeiten

dieses größten Astronomen des vorhergehenden Jahrhunderts
eingeführt. Darauf erweiterte er seine mathematischen Kenntnisse bei Johann Stöffler in Tübingen. Hier erhielt er, noch
nicht 23 Jahre alt, einen Ruf auf den zweiten mathematischen
Lehrstuhl der Wittenberger Universität als Nachfolger seines
Lehrers Thomas Volmar. Auf das Gerücht von der Arbeit
des Kopernikus machte er sich Anfang Mai 1539, kurz nach
seiner Ernennung zum ordentlichen Professor und einem er-
neuten Besuch bei Schöner in Nürnberg, auf die Reise nach
Frauenburg, um die neue Himmelslehre und ihren Schöpfer
kennenzulernen. Schon im September vollendete er dort die
vorliegende Schrift als Brief an Schöner. Im folgenden Jahre
in Danzig als offener Brief gedruckt, brachte sie der Welt
unter dem Titel „Erster Bericht" die erste genauere Kunde
von dem heliozentrischen Weltsystem des Kopernikus.

Doch bevor wir uns näher mit ihr beschäftigen, wollen
wir die Lebensschicksale ihres Verfassers weiter verfolgen.
Rhetikus machte sich auch mit den übrigen Arbeiten des Kopernikus bekannt und verfertigte 1541 unter Benützung der
ihm überlassenen Vorarbeiten des Meisters die „Charta Choro-
graphica auf Preußen und etliche umbliegende lender"; er
verehrte sie nebst einem „Instrumentlein, zu erkunden der
tag leng" dem Herzog von Preußen. Während diese beiden
Geschenke verschollen sind, besitzen wir noch auf der Uni-
versitätsbibliothek in Königsberg das Originalmanuskript der
„Chorographia", einer Abhandlung über die Hilfsmittel und
Arbeitsmethoden zur Anfertigung von Landkarten. Gegen
Ende des Jahres 1541 kehrte Rhetikus nach Wittenberg zurück
und gab dort, gewiß mit Zustimmung des Kopernikus, den
trigonometrischen Teil aus dem ersten Buch des Werkes „De
Revolutionibus" unter dem Titel: „De Lateribus Et Angulis
Triangulorum tum Planorum, tum Sphaericorum libellus"
heraus. Die beigefügte Sinustafel war für den Halbmesser 10
Millionen und für die Minuten berechnet. Am Kopf der Kolonnen standen die Grade, in der linken Kolonne die Minuten;
unten am Fuße der Kolonnen und in der rechten Kolonne

in der Reihenfolge von unten nach oben waren die Ergänzungs-
grade und -minuten zu einem Rechten angebracht, so daß
diese Einrichtung als erste die Ablesung des Sinus zum Er-
gänzungswinkel oder die des Kosinus gestattete. Nach kurzer
Tätigkeit in Wittenberg erhielt Rhetikus dann einen Ruf an
die Universität Leipzig. Bevor er dorthin zog, brachte er das
Werk des Kopernikus, das ihm durch Bischof Giese von Kulm
übersandt worden war, nach Nürnberg, um den Druck des
ganzen Werkes zu besorgen. Nachdem die Drucklegung
begonnen hatte, überließ er ihre weitere Überwachung dem
Nürnberger Prediger Andreas Hoßmann oder Osiander, um
in Leipzig gegen Ende des Jahres 1542 seine Vorlesungen
endgültig aufzunehmen. Als im Jahre 1550 die „Ephemeriden" und gleich im folgenden Jahr sein erstes großes
Tafelwerk „Canon Doctrinae Triangulorum" erschienen waren,
zog er sich von seiner Lehrtätigkeit zurück. Der Canon enthielt
als erstes Tafelwerk sämtliche trigonometrischen Funktionen
und machte die Tangensfunktion und ihre Verwendung zum
Allgemeingut der Mathematiker. Der Rest seiner Jahre war
hauptsächlich dem weiteren Ausbau der Trigonometrie gewidmet. Von 1562 ab hielt er sich zeitweise in Krakau auf,
wo er sich auch als Arzt betätigte. Später wohnte er in Kaschau
in Ungarn. Er wurde besonders von Kaiser Maximilian II.,
aber auch durch ungarische Magnaten in großzügiger Weise
unterstützt, so daß er sich mehrere Gehilfen halten konnte,
deren Zahl bis zu 12 anstieg. Mit ihrer Hilfe berechnete er
die Werte aller trigonometrischen Funktionen auf 15 Stellen
und für das Intervall von je 10 Sekunden. Das 1569 zusammen
mit einer eingehenden Theorie der Dreieckslehre im wesentlichen vollendete Werk konnte erst nach seinem Tod durch
seinen Schüler und Mitarbeiter Valentin Otho herausgegeben
werden. Rhetikus starb zu Kaschau im damaligen Ungarn.
Während als Todestag übereinstimmend der 4. Dezember angegeben wird, nennt Curtze in der Säkularausgabe von „De
Revolutionibus orbium coelestium" das Jahr 1574, Tropfke in
der Geschichte der Mathematik und Wolf in der Geschichte

der Astronomie das Jahr 1576 und Hipler in seinem Spicilegium 1575 als Todesjahr.

Der Eros, der Drang nach Erkenntnis der Wahrheit, hat den Wittenberger Professor, der noch ein Jüngling war, dem Frauenburger Domherrn zugeführt; diesem hatte der Bischof Dantiskus, der aus einem lebensfrohen und freisinnigen Jugendfreund als Vorgesetzter ein Eiferer und Nörgler geworden war, die Jahre des Alters mit Kummer und Einsamkeit gefüllt; er barg in seinem Schreibtisch schon seit zehn Jahren ein fertiges Werk über den Aufbau der Welt, das zu kühn war, um von den damaligen Menschen verstanden zu werden, und sehnte sich nach dem gleichgesinnten geistigen Sohn, dem er den Weg öffnen könnte zum Schatz seiner umwälzenden Entdeckungen, und dem er sie vererben könnte zum veredelnden Weiterbau und zu fruchtbringender Aussaat. Und wie die Saiten gutgestimmter Meisterinstrumente klangen ihre Wesenszüge zusammen und sprachen einander an: Da war das gleiche hohe und reine Streben nach Wahrheit, dasselbe unbeirrbare Erfülltsein von dem Walten der göttlichen Allmacht und Weisheit in den Dingen der Welt, die gleiche Begeisterung für die erhabene Schönheit des gestirnten Himmels. Gleich war die Unermüdlichkeit des Arbeitseifers, gleich die Richtung ihrer vielseitigen geistigen Fähigkeiten. Beide waren sie gewandte Rechner, mit erstaunlicher Klarheit stellten sich rasch auch die verwickeltsten geometrischen Gebilde vor ihr geistiges Auge. Meisterhaft beherrschten beide die lateinische Sprache, und wie der Ältere als Jüngling einst in der ersten Lernensfreude seinen Namen mit griechischen Lettern in seine Bücher gekritzelt und als einer der ersten Deutschen griechische Dichterwerke übersetzt hatte, so leuchtete das Auge des Jüngeren, wenn er im Gespräch einen griechischen Großen in dieser klangvollen Sprache zitierte. Und in der Begeisterung hob sich beider Sprache in die Höhe dichterischer Formung. Ja, auch ihre medizinischen Kenntnisse und die stete Bereitschaft, sie Leidenden nutzbar zu machen, führten die beiden zusammen.

So ist es kein Wunder, daß der katholische Domherr trotz
der scharfen Edikte des Bischofs gegen die „Lutterei" bald
die Anwesenheit des jungen lutherischen Gelehrten, mit dem
er von Anfang an Dach und Tisch teilte, fühlte wie die eigenen
Blutes. Er ließ ihn teilnehmen an seiner Arbeit und seiner
Erholung, er nahm ihn mit auf seine Reisen, zeigte ihm die
eigenartige Schönheit der Landschaft, machte ihn aufmerksam
auf die Bevölkerung und ihre Sitten, auf die Tiere, die Früchte
und den ganzen Reichtum des Landes. Väterlich war er besorgt,
dem aufstrebenden Manne auch in die Zukunft die Wege
zu ebnen und ihn bei den einflußreichen Persönlichkeiten der
Stadt und der umliegenden Gebiete einzuführen. Im trauten
Verkehr mit dem aufgeschlossenen Schüler wurde der sonst
so zurückhaltende Grandseigneur gesprächig, besonders wenn
es sich um sein Lebenswerk handelte. Er überließ ihm nicht
nur das Werk zum Studium, sondern erläuterte alle Schwierigkeiten, ja er führte ihn auch die oft verschlungenen und steilen
Wege, auf denen er selbst zum Ziele gekommen war. In ehr-
furchtsvoller Dankbarkeit nahm der wissensdurstige Jüngling
all die reichen Gaben, die ihm die väterliche Zuneigung des
reifen Geistes schenkte, auf, und an der Begeisterung des
greisen Entdeckers für die Schönheit, den inneren Zusammenhang und die im Vergleich zu dem geozentrischen System
trotz aller Schwierigkeiten in Einzelfragen ins Auge sprin-
gende Einfachheit des neuen Weltenbaus entzündete sich seine
eigene zur lodernden Flamme.

So wagte es Rhetikus schon nach einem zehnwöchigen
Studium, seinem Nürnberger Lehrer Schöner Bericht zu er-
statten. Im strengen Anschluß an das III. Buch der „Kreisbewegungen" des Meisters behandelt er zunächst die Einzelfragen der Fixsternbewegung, der Dauer des bürgerlichen
Jahres, der Schiefenänderung der Ekliptik, der Abnahme der
Exzentrizität und der Verlagerung der oberen und unteren
Apsiden. Diese Vorgänge waren erst nach Ptolemäus entdeckt
worden, und um ihre Erklärung und Einfügung in das Ptole-
mäische Weltsystem hatten sich die arabischen und christ-

lichen Astronomen seit Jahrhunderten vergebens bemüht. Nach
dem Beweis der Periodizität der Fixsternbewegung und der
Aufstellung ihres Bewegungsgesetzes wird aus den beobachteten Änderungen der Jahreslänge der Schluß gezogen, daß
nicht die Sterne sich bewegen, sondern daß die Sonnwende-
und Nachtgleichepunkte sehr langsam in der Gegenrichtung
der Sonnenbewegung am Fixsternhimmel weiter rücken. Weil
dies in ungleichmäßiger Weise geschieht, müssen gegen die
seitherige Gepflogenheit in der Astronomie die Bewegungen
nicht vom Frühlingspunkt aus, sondern von ein und demselben
Stern des Fixsternhimmels aus gemessen werden, wenn es
möglich werden soll, die Gleichmäßigkeit der himmlischen
Bewegungen aufzuspüren. Bei der Abnahme der Schiefe, die
nach den Zahlen der einschlägigen Beobachtungen ebenfalls
unregelmäßigen Verlauf hat, schließt Kopernikus auf eine Periode von doppelter Dauer. Die Änderungen der Exzentrizität erklärt er durch die Bewegung des Erdbahnmittelpunktes
auf einem kleinen Exzenterkreis, die auffallenderweise die
gleiche Periode besitzt wie die Schiefenänderung. Dies gibt
dem Rhetikus, der als eifriger Anhänger der Astrologie bekannt
ist, Gelegenheit, seine Vermutungen über einen Zusammenhang zwischen diesem Exzenterkreis und den Schicksalen der
Weltreiche einzuschieben. Nachdem die Abweichungen, die
Kopernikus von den Beobachtungen des Arzahel und Albategnius bei der Theorie der Exzentrizität machte, begründet
sind, wird der Einfluß aller seither genannten Erscheinungen
auf die Länge des bürgerlichen Jahres klargestellt. Hier fügt
nun Rhetikus die Kopernikanische Theorie der Mondbewegung
ein, um dann die sechs astronomischen Gründe aufzuzählen,
die Kopernikus zur Aufstellung einer neuen Himmelslehre
veranlaßten, und die Beweiskraft dieser Gründe durch Hinweise auf Ptolemäus und Aristoteles zu erhärten.

Nach diesen Vorbereitungen berichtet Rhetikus die kopernikanische Welteinteilung und hebt ihre Vorteile hervor. Dann
folgt die Zusammenstellung sämtlicher Bewegungen der Erde
und ihre Wirkung auf unsere Beobachtungen am Himmel.

Der hier eingeschobene Nachweis, daß die Sinusschwingung aus zwei gleichförmigen Kreisbewegungen zusammengesetzt ist, spielt bei Kopernikus eine wesentliche Rolle, weil er sich ja die Aufgabe gestellt hatte, die Gleichmäßigkeit aller Himmelsbewegungen nachzuweisen. Die folgende Betrachtung gilt der Bewegung der Apsiden und der Veränderung der Exzentrizität der Erdbahn, sowie der Wirkung dieser letzteren auf die Exzentrizitäten der Planeten.

Zum Schluß berichtet Rhetikus noch die Hypothesen für die Bewegungen der Planeten. Zuerst schickt er eine Betrachtung über die Schwierigkeiten der astronomischen Forschung voraus, die häufig trotz aller Sorgfalt und Mühe zur Erfolglosigkeit verurteilt ist; das zeigen die alten Planetentheorien, die nicht alle Erscheinungen richtig erklären können und in eine heillose Sackgasse geführt haben, aus der nun durch die neuen Hypothesen ein Ausweg gefunden ist. Bei ihnen werden die Eigenbewegungen der Planeten auf den Mittelpunkt der Erdbahn bezogen, und sie gestalten sich wesentlich einfacher als bei Ptolemäus. Nun wird das System der Längenbewegungen der drei oberen und beiden unteren Planeten im allgemeinen geschildert und abgeleitet, wie die beobachteten Planetenbewegungen aus der Überlagerung der Erdbewegung auf die Eigenbewegungen entstehen. Auch die Breitenerscheinungen werden teilweise bewirkt durch die Bewegung der Erde, von der die Sehstrahlen der Himmelsbeobachter ausgehen, so daß auch die Breitenbewegungen der Planeten durch klare und leichtverständliche Gesetze erklärt werden können.

An diesen astronomischen Teil fügt der Verfasser in dem sogenannten „Encomium Borussiae" noch allgemeine Ausführungen über Land und Leute, den Freundeskreis des Meisters und die Bemühungen dieser Freunde, seine Bedenken gegen die Veröffentlichung seiner Entdeckungen zu zerstreuen.

Der ganze Brief verfolgt die Absicht, den damals in Deutschland bekanntesten Vertreter der astronomischen Wissenschaft für die Lehre des Kopernikus zu gewinnen und seinem geliebten Meister in Frauenburg die verdiente Anerkennung zu verschaffen. Der Hoffnung auf das Gelingen dieser Absicht konnte Rhetikus Raum geben, wenn ihm die mildere Einstellung, die der frühere Spötter über die griechischen Vertreter der Erdbewegung allmählich zu dieser Frage gewonnen hatte, bekannt war. Auch das Interesse Schöners an der neuen Himmelslehre, das uns die Einleitung des Briefes verbürgt, durfte ihn dann bestärken.

Rhetikus ist sich jedoch der ungeheuren Hemmnisse, die eine mehr als tausendjährige Gewohnheit, der herkömmliche Dogmatismus der Gelehrten jener Zeit und das Unvermögen, sich von dem naiven Sinneseindruck freizumachen, der Anerkennung der neuen Lehre in den Weg legen mußten, wohl bewußt. Er bietet daher seine ganze Beredsamkeit und Belesenheit auf, die Folgerichtigkeit und Natürlichkeit des Kopernikanischen Bewegungsmechanismus, die Schönheit und der höchsten Weisheit würdige Zweckmäßigkeit des neuen Weltbaus und die Übereinstimmung der neuen Rechnung mit den Beobachtungen den oft ungereimten und erkünstelten Aushilfsmitteln, der wirren Unübersichtlichkeit der vielen Kreisbewegungen und der Kluft zwischen Rechnung und Beobachtung bei den seitherigen Hypothesen eindrucksvoll gegenüberzustellen. Immer wieder sucht er durch Aussprüche der großen Griechen nachzuweisen, daß Kopernikus mit den kosmologischen Grundgedanken eines Plato und Aristoteles vollständig übereinstimmt, um dann zu betonen, daß die Beobachtungen und nur sie den Meister zwingen, die Anschauungen des Ptolemäus zu verlassen und einen neuen Weltenplan aufzustellen, und daß dies eine Arbeitsweise ganz im Geiste und nach dem Sinn dieses Altmeisters der Astronomie sei. In gefeilten, ciceronianisch anmutenden Perioden, die den Fortschritt der sprachlichen Schulung seit dem Beginn der humanistischen Bewegung eindrücklich zeigen, sucht er die Begeisterung und die Ergriffenheit, die ihn bei der Betrachtung der schönen Einfachheit dieses neuen Weltenplanes erfaßt, oft in dichterisch gehobenen Worten auf den Leser zu übertragen.

Wir wissen nicht, wie weit er diese seine Absicht erreicht hat, welche Stellung der Empfänger des Briefes zu seinem Inhalt eingenommen hat, aber eingetreten ist Schöner nie für die neue Lehre. Die anderwärts vorhandenen Sympathien wagten sich angesichts der scharfen Verurteilungen von Männern wie Luther und Melanchthon nicht an das Tageslicht, das jämmerliche Machwerk eines Lustspiels, das den genialen Schöpfer des heliozentrischen Weltsystems dem öffentlichen Spott preisgab, fand dagegen lauten Beifall. Die Gründe hierfür zu klären, ist hier nicht der Ort. Sie lagen im Zeitgeist, in den besonderen Zeitumständen, vor allem aber in dem radikal umstürzlerischen Charakter des Systems selbst und waren seinem Schöpfer wohl bewußt. Die Eigenart des „Ersten Berichts" war aber auch nicht dazu angetan, den bei einem erweiterten Leserkreis zu erwartenden Schwierigkeiten zu begegnen und das Hineindenken und Einfühlen in die neuen Vorstellungen zu erleichtern. Er ist ein echter Brief, der die ausführlichen Darlegungen des Kopernikus im engen Anschluß an sein Werk auf nur wenige Seiten zusammenfaßt. Der Schreiber war erst vier Jahre zuvor von dem Empfänger in den damaligen Stand der astronomischen Forschung eingeweiht worden. Er setzt daher bei seinem Leser die Kenntnis der einzelnen Probleme und Schwierigkeiten voraus, darum fällt er jeweils geradezu mit der Türe ins Haus und läßt bei den einzelnen Fragen jede einführende Einleitung weg. Da er die Erfahrung und die Übung Schöners in der räumlichen Vorstellung der Himmelsvorgänge genau kennt, fügt er keinerlei erläuternde Figuren bei. Die sprachliche Darstellung leidet darunter, daß manche Fachausdrücke, die nur im geozentrischen System eine anschauliche und klare Vorstellung zu wecken vermögen, beim Fehlen der dem neuen Standpunkt entsprechenden Wörter weiter verwendet werden und die klare Scheidung der beiden Anschauungen beeinträchtigen. Außerdem war die Beschäftigung des Rhetikus mit der immerhin nicht einfachen neuen Lehre für eine leicht faßliche und klare Darstellung doch zu kurz gewesen. Wenn man dazu noch

bedenkt, wie spröde gerade räumliche Gegebenheiten sich gegen
die sprachliche Fassung erweisen, dann wird man sich nicht
darüber wundern, daß die Zusammenfassung der Kopernikanischen Doktrin in dem „Ersten Bericht" trotz der Sprach-
gewandtheit des Verfassers auch dem in astronomischen Fragen
einigermaßen bewanderten Leser Schwierigkeiten bereitet und
ohne eingehende Erläuterungen kein klares und gefälliges Bild
zu erwecken vermag. Trotzdem hat er aber auch noch für die
heutige Kopernikusforschung einen sehr hohen Wert.

Während der mitteilsame Kepler uns das Werden und
Wachsen seiner Gedanken klar schauen läßt und uns jeden
Um- und Irrweg seines Forschens mitführt, ja uns oft Tag
und Stunde des Aufblitzens einer Lösung mitteilt, gibt uns
Kopernikus nur das, was er als voll ausgereifte Frucht seiner
Arbeit ansieht, teilt uns also nur Gesetze, Zahlen und Rechnungen mit. In welcher Form eine Frage an ihn herantrat,
von welchen Grundlagen er ausging, welche Lösungsmöglich-
keiten er ausdachte und ausprobierte, warum andere Möglich-
keiten verworfen wurden, auf alle solche Fragen schweigt
er sich in seinem Werk so gründlich aus, daß ihn dann und
wann der Vorwurf trifft, daß fremde Sätze und Rechenverfahren
als seine eigenen Leistungen erscheinen. An Briefen und sonstigen Hinterlassenschaften sind wir bitter arm. So bleibt für
die Suche nach einer Antwort auf die obigen Fragen nur
die Vorrede an Papst Paul III., die er seinem Werke beigab.
Dagegen hat er in dem täglichen Verkehr mit dem begeisterten jungen Professor, den er ins Herz geschlossen hatte,
und den er für berufen hielt, sein Werk zu vollenden und zu
festigen, alle Scheu und Zurückhaltung abgelegt. Da Rhetikus
den größten Teil des Briefes während eines gemeinsamen Be-
suches bei Bischof Tidemann Giese in Löbau aus seinem frischen
Eindruck heraus und gewiß nicht ohne Unterstützung des
anwesenden Meisters geschrieben und, was er an eigenem Gedankengut eingestreut, deutlich kenntlich gemacht hat, so ist
uns die „Narratio Prima" die wichtigste Fundgrube für die Suche
nach den Bausteinen der philosophischen Grundmauern des

neuen Weltenbaues und nach der Arbeitsweise seines Baumeisters, und wir dürfen ihr gleichen Rang wie unmittel-
baren Quellen zugestehen.

Kopernikus steht, wie wir aus ihr ersehen, mitten in der
neuplatonischen Richtung, welche das abendländische Denken
genommen hatte, seitdem die Menschen sich in der blutleeren
logizistischen Entartung der „Schule" nicht mehr wohl fühlten.
Auf dem tief-christlich-religiösen Grunde seiner Geistigkeit
erblühten Blumen aus Samenkörnern, die einst im pythagoräischen, im platonischen und im aristotelischen Garten gereift
waren: Die Schöpfung Gottes, des reinen Geistes, des höchsten
Nus, der unbegrenzten Allmacht muß vollkommen sein in
allen ihren Teilen und in allen ihren Bewegungen, solange
diese dem Gesetz ihres Wesens gehorchen, d. h. keine Gewalt
erleiden. „Ewige und mit sich selbst übereinstimmende Verknüpfung und Harmonie" besteht daher zwischen den Him-
melskörpern, ihren Bahnen und Bewegungen. Die Voll-
kommenheit der Schöpfung beruht auf größter Einfachheit
der einzelnen Einrichtungen, nichts ist unnütz oder entbehr-
lich. „Warum sollen wir dann Gott, dem Schöpfer der Natur,
nicht die Geschicklichkeit zuerkennen, die wir bei den gewöhnlichen Uhrmachern sehen, welche sich geflissentlich
hüten, dem Werk ein Rädchen einzufügen, das entweder überflüssig ist, oder dessen Rolle ein anderes nach einer kleinen
Lageänderung übernehmen könnte ?" Der Formenreichtum der
himmlischen Bewegungen wird so geschaffen durch eine in
einfachen Zahlenbeziehungen ausdrückbare Regel, und es steht
fest, „daß die Anordnung und die Bewegungen aller himmlischen Kreisbahnen auf einem ganz ohne Einschränkung geltenden Gesetz beruhen muß". Auch die Pythagoräische Zahlen-
mystik und Sphärenharmonie klingen leise an, wenn z. B. die
Zahl Sechs wegen ihrer Eigenschaften besondere Vorliebe
genießt. „Was ziemt daher diesem Gottschöpfer mehr, als
daß dieses sein vornehmstes und vollkommenstes Werk in
die vornehmste und vollkommenste Zahl eingeschlossen
werde ?" Die Krone dieses Gotteswerkes ist der Mensch, der,

nach Gottes Bild und Gleichnis geschaffen, die höchst beseligende Aufgabe hat, in der Anschauung der Zweckmäßigkeit, Schönheit und Ordnung der Welt die Erhabenheit und Herrlichkeit ihres Schöpfers zu erkennen und zu verherrlichen. „Deshalb werden wir mit Dank gegen Gott bewundern und betrachten diese ganze von Gott in den Sternenhimmel eingeschlossene Natur, zu deren Erforschung und Erkenntnis er uns mit so vielen Untersuchungsmethoden, unzähligen Werkzeugen und Gaben überhäuft und befähigt hat." Aus solchen Gedankengängen erhielt jene Zeit, welche wir die „Renaissance", die „Wiedergeburt", nennen, ihre starken Antriebe, und aus ihnen strömte auch dem Kopernikus die fast übermenschliche Arbeitskraft zur Vollendung seines Werkes zu, und sie gaben ihm die Gewißheit, daß es gelingen wird, mit Hilfe der Geometrie und Arithmetik — Rhetikus sagt Mathematik — „vor deren Gerichtshof man diese Streitfragen verhandelt", der Natur den Schöpfungsplan abzulauschen.

Aus dem Gedankengut der Pythagoräischen Schule stammt auch die Ansicht, daß die Kugel die vollkommenste Oberfläche und der von ihr eingeschlossene Raum der vollkommenste Körper, der Kreis die vollkommenste Linie sei. So stand für ihn die Kugelform der Himmelskörper außer allem Zweifel. Mochte auch die Fülle der beobachteten Bewegungsformen noch so verwirrend sein, so konnte doch seine Überzeugung nicht wankend werden, daß sie alle entweder rein kreisförmig oder aus kreisförmigen zusammengesetzt sein müssen. Zur vollkommenen Bahn mußte aber auch die vollkommenste Bewegungsweise treten, das ist die gleichförmige, die keiner Änderung unterworfen, also ewig ist. Darum machte er sich auch die mittelalterliche Kritik an den Ausgleichpunkten und Ausgleichkreisen zu eigen, bei denen der Stern nicht um den Mittelpunkt seines Bahnkreises, sondern um einen von diesem getrennten Punkt mit gleicher Winkelgeschwindigkeit sich drehte, also in seinem Bahnkreis eine ungleichmäßige Bewegung besaß. Seine Forderung an eine wahre Himmelslehre können wir daher etwa folgendermaßen formulieren: Der

Himmelsmechanismus darf nur gleichförmige Kreisdrehungen entweder von Kugeln um die eigene Achse oder von ebenen Kreisbahnen um den eigenen Mittelpunkt enthalten; die Bewegung der Kreisbahnen ist vorzustellen wie die Drehung einer starren immateriellen Kreisscheibe um ihren Mittelpunkt, wobei der Himmelskörper in einem Punkt des Umfangs fest verbunden haftet. Der Himmelskörper selbst kann durch den Mittelpunkt einer gleichgearteten Scheibe, eines sogenannten Epizykels, ersetzt sein; auch diese Scheibe dreht sich dann gleichmäßig gegen die Verbindungsgerade der beiden Mittelpunkte.

Wie man sieht, stellt sich Kopernikus auf eine rein phoronomische Betrachtungsweise ein. Er fragt nur, wie kommen die Bewegungsformen zustande, die wir am Himmel sehen; es ist nach seiner religiösen Überzeugung der allmächtige Schöpferwille, der jedem Teilchen seiner Himmelsmaschine seine Eigenbewegung als Wesenseigenschaft mitgegeben hat. Nirgends spricht er sich daher über die Ursache der Bewegungen selber aus, obwohl ihm die „Intelligenzen" eines Aristoteles und die „Seelen" der mittelalterlichen mystischen Naturbetrachtung nicht unbekannt sein konnten. Mit der Bemerkung, „daß die größeren Kreise ihre Umläufe langsamer, die der Sonne, von der, wie man sagen könnte, die Bewegung und das Licht ihren Anfang nehmen, näheren aber ihre Umgänge schneller vollziehen", fügt Rhetikus zur Aufzählung der Vorteile der Kopernikanischen Weltverteilung auch diesen hinzu, und deshalb ist sie wohl auf Kopernikus selbst zurückzuführen; gerade dieser Zusammenhang der Bemerkung läßt vermuten, daß das Genie, das die Sonne in die Mitte der Welt gerückt hat, die physikalische Bedeutung dieser Zentralstellung der Sonne wohl ahnte. Da aber die Gleichmäßigkeit der Bewegungen der Angelpunkt seines astronomischen Denkens war, und da die Unklarheit des damaligen Kraftbegriffs seinem ganzen Wesen widersprach, konnte ein solcher Gedankenkeim nicht die nötige Nahrung finden, um zum fruchtträchtigen Halm heranzuwachsen.

Wenn alle Bewegungen gleichförmig angenommen sind, ist für Kopernikus ein weiteres Merkmal für die Richtigkeit der astronomischen Hypothesen die Übereinstimmung der mit ihrer Hilfe für die Beobachtungszeiten errechneten Örter der Gestirne mit den Ergebnissen dieser Beobachtungen. Über den Weg, den er einschlug, um solche Hypothesen zu finden, sagt Rhetikus: „Mein Lehrer hat die Beobachtungen aller Zeitalter mit seinen eigenen der Reihe nach oder in Verzeichnissen gesammelt und hat sie immer zur Einsichtnahme bei sich. Wenn dann irgendwelche Feststellungen getroffen oder wissenschaftliche Lehrsätze aufgestellt werden sollen, schreitet er von jenen ersten Beobachtungen bis zu seinen eigenen fort und wägt genau ab, in welcher Richtung Übereinstimmung zwischen ihnen allen bestehen könnte. Ferner beurteilt er die Schlüsse, die er unter Leitung der Göttin Urania richtig daraus gezogen hat, nach Ptolemäus und den Hypothesen der Alten und, nachdem er sie mit größter Sorgfalt gründlich geprüft und gefunden hat, daß diese Hypothesen unter dem Zwang des astronomischen Naturgesetzes verworfen werden müssen, stellt er gewiß nicht ohne göttliche Eingebung und ohne Geheiß der Himmlischen neue Hypothesen auf. Darauf stellt er unter Anwendung der Mathematik auf geometrischem Weg fest, was man aus solchen Annahmen durch stichhaltige Folgerung ableiten kann, und schließlich wendet er die Beobachtungen der Alten und seine eigenen auf die angenommenen Hypothesen an, und dann erst, nachdem er alle diese genannten Arbeiten zu Ende geführt hat, schreibt er endlich die Gesetze der Astronomie nieder."

Ein schönes Beispiel dieser Arbeitsweise bietet die reizvolle Art, in der Kopernikus aus den verschiedenen Beobachtungen des Frühlingspunktes sein Präzessionsgesetz entwickelt hat. Erst stellt er die Zeiten fest, in denen die Präzession je einen Grad ausmacht, und findet, daß die Annahme der Gleichmäßigkeit falsch ist. Aber diese Zahlen lassen auch erkennen, daß die Änderungen eine Periode haben und liefern einen Schätzungswert für ihre Dauer und ihren Anfang; durch er-

steren findet er einen Näherungswert für die mittlere Geschwindigkeit, und die Abweichungen der beobachteten Prä-
zessionswerte von den mit Hilfe dieser mittleren Geschwindigkeit errechneten ergeben angenäherte Werte für die vom an-
zunehmenden Epizykel bewirkten Änderungen. Da die zugehörigen Anomalien aus der angenommenen Periode und
den Beobachtungszeiten zu berechnen sind, erhält er dann
einen Näherungswert für den Halbmesser des Epizykels und
aus diesem die Änderungen der Präzession für die übrigen
Beobachtungszeiten. Wenn diese mit den beobachteten übereinstimmen, ist das Präzessionsgesetz aufgedeckt. Da sie aber
Abweichungen zeigen, kann aus dem Unterschied der zu-
sammengehörigen Werte geschlossen werden, in welcher
Richtung der Näherungswert der Periodendauer zu ändern
ist, dann durch mehrfache Durchrechnung die Periode genau
bestimmt und schließlich auch ihr Anfang festgelegt werden.
Wenn nun die aus den neuen Werten errechneten Abweichungen von den beobachteten Größen nicht größer sind als die
Fehlergrenze der Beobachtungen, hält Kopernikus sein Gesetz
für gesichert; kann er aber dieses Ziel nicht erreichen, so
hält er die Unrichtigkeit des vermuteten Bewegungsgesetzes
für erwiesen. Kopernikus hat wegen solcher Unvereinbarkeit
mit den Beobachtungen nicht nur die früheren Theorien,
sondern gewiß auch viele eigene Lösungsversuche verworfen,
freilich ohne uns davon Mitteilung zu machen. Immer ist
ihm die Übereinstimmung mit der Beobachtung der Maßstab
für den Wert oder Unwert seiner Gedanken, und nur in ganz
seltenen Fällen, in denen der Irrtum des Beobachters klar
nachgewiesen werden kann, läßt er Korrekturen der Beob-
achtungswerte zu; er kann „nicht von den Beobachtungen
des Ptolemäus und seinen eigenen mit größter Sorgfalt durch-
geführten Beobachtungen abweichen". Der Lösungsgedanke
selber allerdings steigt häufig aus unerforschlichen Tiefen des
Geistes auf und wird von ihm wie von den übrigen Forschern
der Humanistenzeit als Gottesgnade mit Worten begrüßt, die
klingen wie feierliche Lobgesänge im Gottesdienst.

Das ist das gleiche Verfahren, mit dem auch die heutige Naturwissenschaft aus Versuchs- oder Beobachtungsreihen ihre Gesetzmäßigkeiten entwickelt. So sehr also Kopernikus mit seinen kosmologischen Anschauungen im Altertum verwurzelt war, seine Arbeitsweise stellt ihn an die Anfänge der modernen Naturforschung, die auch heute nicht ohne Voraussetzungen philosophischen Ursprungs zu denken ist.

Der als Encomium Borussiae bezeichnete Teil des „Ersten Berichts" gibt uns auch Aufschluß über die Gründe, aus denen Kopernikus sich so lange gegen die Drucklegung seines Werkes sträubte. Die Gedanken, mit denen seine Freunde diesen Widerstand zu überwinden suchen, sind der deutliche Beweis dafür, daß die Vorwürfe gegen seine Charakterfestigkeit, die aus der Vorrede Osianders zu seinem Werk sich zuzeiten genährt haben, vollständig unbegründet sind; was sie dagegen in helles Licht rücken, ist die Lauterkeit und Uneigennützigkeit dieses edlen Mannes. Er hatte ein Leben voll unsäglicher Mühe und Arbeit der allgemein ersehnten Verbesserung der Himmelskunde geopfert und war dabei auf Erkenntnisse gekommen, die ein neues Zeitalter der Astronomie einleiten mußten. Trotzdem er noch nicht mit allen Ergebnissen seiner Rechnungen zufrieden war und die Unvollkommenheiten seines Systems deutlich fühlte, wankte er aber keinen Augenblick in der Überzeugung, daß die Grundgedanken seines Weltenbaus, die Einreihung der Erde unter die Planeten und die Zentralstellung der Sonne, der Wirklichkeit entsprechen und die Grundlage der künftigen astronomischen Arbeit bilden werden. Deshalb hatte der Vorschlag, seine Lehre als reine Rechenhypothese ohne Anspruch auf Wahrheitsgehalt hinzustellen, den ihm Osiander schon im Frühjahr 1541 brieflich gemacht hatte, bei ihm keinerlei Beachtung gefunden, und nicht einmal der öffentliche Spott hatte ihn beirren können. Aber die Reformation und die damals beginnende Gegenreformation sowie die sozialen und politischen Schwierigkeiten der Zeit hielten die Gemüter der Menschen in ständiger Unruhe und Spannung, die beim geringsten Anlaß zur unheil-

vollen Auslösung kommen konnte. Seine neue Himmelslehre
kehrte alle seitherigen Anschauungen so radikal um, daß der
Streit zwischen der alten und neuen Richtung nicht auf die
Fachleute beschränkt bleiben konnte. Kopernikus fürchtete mit
Recht, daß dabei die lauten Nichtskenner das Wort an sich
reißen, den Kampf auf ein falsches Feld hinüberspielen und
so nicht nur die wissenschaftliche Klärung der Frage ver-
hindern, sondern auch neues Unsicherheitsgefühl und neue
Erregung ins Volk tragen würden. Er war für die Gefahren,
die daraus für das Allgemeinwohl entstehen konnten, durch
langjährige Verwaltungstätigkeit in schweren Zeiten feinfühlig
geworden, und darum hatte er sich den Gedankengängen des
Lysisbriefes an Hipparch folgend entschlossen, auf jeden äußeren Erfolg seiner Lebensarbeit zu verzichten und sie fähigen
Köpfen der nachwachsenden Generation zum befestigenden
und fruchtbringenden Ausbau zu überlassen, um die Schäden
zu verhüten, die eine öffentliche Erörterung seiner Lehre bei
der unverständigen Menge verursachen könnte. Mit dieser
Hintanstellung seines persönlichen Interesses hinter das Wohl
des Ganzen bekundet er eine Gesinnung, für die wir heute
ganz besonderes Verständnis und Anerkennung haben, so un-
verständlich sie auch in einer individualistisch eingestellten
Zeit sein mochte.

Auch über den Werdegang, den Freundeskreis und son-
stige Lebensumstände gibt uns der „Erste Bericht" Aufschlüsse,
die uns ohne ihn verdeckt geblieben wären. Besonders reich
daran ist der letzte Teil, das Encomium Borussiae.

Auch als Zeitdokument ist dieser „Erste Bericht" bedeutungs-
voll. Schon beim oberflächlichen Lesen fällt auf, wie un-
erschüttert und tief der Glaube des Verfassers an Gott, den
Schöpfer der Welt, sich bekundet, und wie dieser Glaube
alles Denken durchsetzt und befruchtet, mit welch ernster
und aufrichtiger Ehrfurcht Rhetikus nicht nur von seinem
Frauenburger Meister, sondern auch von allen älteren Männern,
selbst von der gesamten wissenschaftlichen Überlieferung
spricht, obwohl er sich voll für die neuen Lehren einsetzt,

welche die herkömmlichen Wege verlassen. Die Formen, in denen er sich vor den Fürsten und hohen einflußreichen Beamten verbeugt, scheinen uns fast demütigend devot, und die poetische Einkleidung der Beschreibung des Gastlandes und seines Reichtums zwingt dem Leser ob ihrer Übertreibungen ein Lächeln auf die Lippen. Wohl mag manche unreife und unausgeglichene Formulierung der Jugend des Schreibers, der erst 25 Jahre zählte, zuzuschreiben sein, aber dennoch bekunden alle diese Züge das Wesen jener jungen, begeisterten Zeit. Noch war der Glaube an den persönlichen Schöpfer und Lenker der Welt und des Menschengeschicks nicht angenagt, noch hatte alles menschliche Wissen seinen Ursprung in dem Willen des Allerhöchsten, der dann und wann in einem auserwählten Forscher zum Wohl und Nutzen der Menschheit den Funken der Erkenntnis entzündete und so uns Menschen kundgab, was „er uns wissen lassen wollte". Wie die göttliche Offenbarung war darum auch die Tradition und Entwicklung der Wissenschaft heilig, und die Rangordnung der irdischen Gewalten galt ebenso für gottgewollt wie die natürliche des Alters, denn die Großen dieser Welt sind die geheiligten Werkzeuge der göttlichen Vorsehung. Auch die kirchliche Revolution Luthers wollte diese Grundhaltung nicht ändern, sondern nur die nach seiner Meinung durch das päpstliche Lehramt gefährdete Autorität der in den heiligen Schriften festgelegten Offenbarung wiederherstellen. Mit freudigem Staunen hatten die Humanisten in den Schriften der Griechen und Römer erst wieder von neuem den reichen Born der klassischen Wissenschaften entdeckt, der in den unmittelbar vorausgehenden Jahrhunderten größtenteils verschüttet war, und während der liebliche Quell des deutschen Minnelieds in den starren Formen des Meistersangs — 1513 dichtete Hans Sachs als erstes Gedicht sein Buhlscheidlied — versandet war, blickten sie entzückt und bezaubert in den farben- und formenfrohen Blütengarten der griechischen und römischen Dichtung. Sie gaben in dieser Bewunderung für das Altertum ihren Namen den klassischen Klang, sie kleideten ihre Gedanken in klassi-

sche Gewänder, schmückten ihre Schriften und ihre Reden
mit Sätzen aus den Werken der großen Griechen und Römer,
füllten Wald und Hain und Flur der deutschen Lande in
ihren Hymnen mit Satyrn, Nymphen und Faunen und entnahmen mit Vorliebe ihre Gleichnisse und Bilder der un-
erschöpflichen Fülle der Götter- und Heldensagen der alten
Welt. Mit besonderer Sorgfalt schmückten sie ihre Huldigungen
vor den Fürsten und Herren aus, von deren Wohlwollen sie
weitgehend abhingen, wenn ihnen nicht wie dem Kopernikus
eine kirchliche Pfründe ein sorgenfreies Leben sicherte. Daher
hatten die beiden hohen katholischen Geistlichen bei dem Zu-
sammensein in Löbau beschlossen, ihren jungen lutherischen
Freund bei seinem Glaubensgenossen Herzog Albrecht von
Preußen zu empfehlen. Um die Absicht vorzubereiten, fügt
Rhetikus, sicher nicht ohne den Rat der beiden, dem Brief
jenen Abschnitt ein, der dem ganzen letzten Teil seinen Namen
gegeben hat. Er wählt zur Einleitung die Stelle aus der siebten
olympischen Ode des Pindar, in der die Sage von der Entstehung der Insel Rhodos berichtet wird, und führt den Vergleich des nordischen Landes mit der südlichen Sonneninsel
mit dem ganzen Rüstzeug humanistischer Beredsamkeit in
kühnen Gedankengängen und humoristischen Übertreibungen
durch.

Als begeisterter Anhänger der neuen Lehre will Rhetikus
aber, daß nicht nur ein einzelner Fachgelehrter sie kennen-
lerne, auch die breite Öffentlichkeit der Gebildeten soll von
ihr hören. So vereint er seine Bemühungen mit denen der
Freunde des verantwortungsbewußten Prälaten, die, wie der
Kulmer Bischof Tidemann Giese, den Verfasser zur Herausgabe seines Werkes zu überreden suchen. Ein erster Erfolg
in diesem Bemühen ist die Drucklegung des Briefes an Schöner,
denn dazu mußte Kopernikus seine Zustimmung gegeben
haben. Das gegenseitige Vertrauensverhältnis hätte es dem
ehrfürchtigen Verehrer des Kopernikus nicht erlaubt, die
Drucklegung dieses Briefes ohne Wissen oder gar gegen den
Willen des väterlichen Freundes zu wagen. So erschien der

Brief schon im Jahre 1540 in Danzig bei Franziskus Rhodus unter dem Titel: „Ad clarissimum virum D. Joannem Schonerum de libris revolutionum eruditissimi viri Mathematici excellentissimi, Reverendi D. Doctoris Nicolai Copernici Torunnaei, Canonici Varmaciensis per quendam iuvenem, Mathematicae studiosum narratio prima." (Erster Bericht an den hochberühmten Herrn, H. Johannes Schöner über die Bücher von den Kreisbewegungen des hochgelehrten Herrn und vortrefflichsten Mathematikers, des verehrungswürdigen Herrn Doktor Nikolaus Kopernikus aus Thorn, des Domherrn in Ermland erstattet von einem unbekannten jungen Mann, einem Liebhaber der Mathematik.) Der Eindruck, den das Büchlein in den Kreisen der astronomisch interessierten Zeitgenossen hervorrief, spricht aus der Vorrede des Stadtphysikus von Feldkirch, des Lindauer Gassarus, und aus dem Epigramm seines Freundes Vögelin in Konstanz; beide gab Gasser der in Basel 1541 bei Robert Winter besorgten süddeutschen Ausgabe mit. Der Titel dieser Ausgabe, der den Verfasser nennt, ist für die Übertragung gewählt worden. Aus berufenstem Munde hören wir ein Urteil über den bleibenden Wert des Schriftchens für die Erkenntnis der Kopernikanischen Lehre, wenn Johannes Kepler in seiner Vorrede zum Weltgeheimnis von Rhetikus rühmt, er habe in seinem Bericht alle Vorzüge zusammengetragen, die Kopernikus vor Ptolemäus voraus hat, und wenn er im 1. Kapitel sagt: „Am leichtesten überzeuge ich den Leser hievon, wenn ich ihn veranlasse und überrede, den Bericht des Rhetikus zu lesen." Durch diese und eine Reihe weiterer Hinweise wurde der Tübinger Mathematikprofessor Maestlin, der dort im Jahre 1596 den Druck des Weltgeheimnisses für Kepler überwachte, veranlaßt, den „Ersten Bericht" dem genannten Werk anzufügen, weil er nur in den Händen weniger sei. Die Bedenken, die Kepler, als er von dem Vorgehen Maestlins hörte, gegen diese Erweiterung seines Werkes äußerte, können sein Werturteil aber nicht mindern, denn sie entsprangen lediglich seiner Sorge um die Vermehrung der Druckkosten. Das ist auch ersicht-

lich daraus, daß er den „Ersten Bericht" mit erweiterten Anmerkungen Maestlins auch der zweiten Ausgabe seines Weltgeheimnisses im Jahre 1621 beifügte. Schon im Jahre 1566
war der „Erste Bericht", aber ohne das „Loblied auf Preußen",
der Basler Ausgabe der Kreisbewegungen angeschlossen
worden. Diesem Vorgang folgte dann später die Warschauer
Kopernikusausgabe vom Jahre 1854 und die Thorner Jubiläumsausgabe vom Jahre 1873. Die Acta Borussiae hatten im
Jahre 1731 das Loblied auf Preußen wegen seines geschichtlichen Inhalts mit Auslassung astronomisch wichtiger Teile
abgedruckt. Hiplers Spicilegium Copernicanum vom Jahre 1873
enthält Teile des „Ersten Berichts" und das ganze Loblied
auf Preußen, während Leopold Prowe im zweiten Band seines
„Nikolaus Coppernicus" (Berlin 1883/84) das ganze Sendschreiben nach der Danziger Erstausgabe zum Abdruck
brachte. Zuletzt hat M. Caspar im ersten Band der Gesamt-
ausgabe der Keplerwerke (München 1938) die Maestlinsche
Fassung im Anschluß an das Weltgeheimnis aufgenommen
und im Nachbericht die erweiterten Anmerkungen Maestlins
aus der zweiten Ausgabe dieses Werkes angefügt.

Trotzdem durch diese Wiedergaben des lateinischen Textes
der Wert des „Ersten Berichts" seine verdiente Anerkennung
gefunden hat, liegen bisher nur einzelne Abschnitte aus ihm
in deutscher Übersetzung vor. Eine größere Anzahl solcher
Stellen enthält das obengenannte Werk Leopold Prowes im
zweiten Teil des ersten Bandes (S. 426 ff); darunter befindet
sich das Loblied auf Preußen ungekürzt. Die Übersetzung
des Loblieds war schon 1866 in der Ermländischen Zeitschrift
(III, 1—28) von Beckmann veröffentlicht. Die Herausgeber
der Jubiläumsausgabe der Kreisbewegungen bemerken in ihrer
Vorrede, daß Menzzer ihnen eine deutsche Übertragung des
„Ersten Berichts" überlassen hatte; erschienen ist diese jedoch
nicht.

Wenn durch die obengenannten Teilübertragungen auch
die bemerkenswertesten Stücke der Schrift erfaßt sind, so bedeutet doch das Fehlen der geschlossenen Übersetzung dieser

ersten Botschaft von der Kopernikanischen Himmelslehre einen
Mangel, der künftig von Jahr zu Jahr schwerer empfunden
werden wird, zumal das gute, vielfach klassisch klingende
Latein des Rhetikus nur mit Mühe verstanden werden kann.
Um diese Lücke auszufüllen, ist hier das ganze Sendschreiben
zum erstenmal ohne Kürzung ins Deutsche übertragen worden.
Wo im Nachbericht nicht anderes vermerkt ist, wurde als
Textgrundlage für den ersten Teil die Fassung der Thorner
Jubiläumsausgabe, für das Loblied auf Preußen die Maestlinsche aus dem ersten Band der im Erscheinen begriffenen
Gesamtwerke Keplers, der von M. Caspar bearbeitet ist,
gewählt. Um ein fließendes Deutsch zu erzielen, mußten die
vielen langen Perioden, die Rhetikus mit bewundernswerter
Meisterschaft gebildet hat, größtenteils aufgelöst werden.
Jedoch will eine möglichst enge Anlehnung an die Wortgebung des Verfassers die zeitbedingte Färbung erhalten und
den Leser in die damalige Denkweise einführen; denn nur
wer auf dem Boden steht, auf dem das neue Weltgebäude
errichtet wurde, kann Fehlurteile über die Kämpfe um seine
Anerkennung vermeiden, aber auch die Größe und Kühnheit
des Geistes erschauen, der es errichtet hat. Ein Nachbericht
enthält die zum Verständnis nötigen Einführungen, Erläuterungen und Figuren sowie die Hinweise. Die Stellen, zu denen
der Nachbericht eine Anmerkung bringt, sind am inneren
Rand durch ein Sternchen (*) bezeichnet. Den Schluß bildet
ein alphabetisches Verzeichnis der vorkommenden Fachausdrücke mit kurzen Erläuterungen.

Alkinous: Wer die Wissenschaft betreiben will,
muß in seinem Geiste frei sein

Erster Bericht

an den hochberühmten Herrn, H. Johannes Schöner

über

des hochgelehrten Herrn und vortrefflichsten Mathematikers,

des verehrungswürdigen Herrn Doktor

NIKOLAUS KOPERNIKUS

aus Thorn

Domherrn in Ermland

BÜCHER

VON DEN KREISBEWEGUNGEN

erstattet von

GEORG JOACHIM RHETIKUS

nebst einem Loblied auf Preußen

DER ARZT GEORG VÖGELIN
AN DEN LESER

Lehren kündet dies Buch, die nicht kannten die Forscher der Alten,
  Selbst dem gelehrtesten Geist heute sie wunderbar sind.
Denn nach neuem Gesetz wird gezeigt der Sterne Verhalten:
  Glaubtest, die Erde steh still; siehe, jetzt kreist sie geschwind.
Rühme das Altertum, das so reich ist an Künstlern und Weisen,
  Doch auch neuem Bemühn weigre nicht Loblied und Ehr!
Reifem Geiste nicht graut vor der Lehre und diesen Beweisen;
  Schaden bringt Dir allein neidiger Menschen Begehr.
Gräme Dich nicht, wenn auch selten ein Lob dies Büchlein nur
                                                        findet;
  Billigt's ein trefflicher Mann, sei Dir Genüge getan!

Den hochgelehrten Mann

Herrn Georg Vögelin

in

Konstanz

den Philosophen, Arzt und besten Freund
grüßt

Achilles P. Gassarus

aus Lindau

Sieh, vortrefflichster Herr, ich schicke Dir, als ob es dem
10* Stein von Heraklea zuginge, dieses Büchlein, das nicht nur
neu und unseren Mitmenschen unbekannt ist und das, wenn
ich mich nicht ganz täusche, auch Dir wunderbar und ver-
blüffend unerwartet und neuartig sein wird. Georg Joachim
Rhetikus, Magister der freien Künste und eine Zeit lang Professor der Mathematik in Wittenberg, mein Landsmann und
bester Freund, hat mir dieses in den vergangenen Tagen
aus Danzig zugleich mit einem Brief geschickt, der über-
voll von diesen Dingen ist. Dieses entspricht freilich der
seither geübten Lehrweise nicht, und man könnte der Meinung
20 sein, daß es nicht nur durch einen einzigen Satz den üb-
lichen Lehren der Schulen widerspricht und, wie die Mönche
sagen würden, häretisch ist: Es läßt jedoch, wie es scheint,
ohne Zweifel die Wiederherstellung, ja die Wiedergeburt einer
neuen und ganz wahren Astronomie erkennen, besonders weil
es ganz klare Lehrsätze vorträgt über solche Fragen, über
die, wie Du weißt, nicht nur von den gelehrtesten Mathematikern, sondern auch von den größten Philosophen, auf

dem ganzen Erdkreis, wie man sagt, sogar recht hitzig ge-
stritten worden ist: nämlich über die Zahl der himmlischen
Sphären, die Entfernung der Gestirne, das Herrscheramt der
Sonne, sowohl über die Lage als über die Kreise der Planeten,
über die regelmäßig wiederkehrende Dauer des Jahres, die
bekannten Nachtgleiche- und Sonnwendpunkte, schließlich
sowohl über den Ort wie über die Bewegung der Erde selber
und über ähnliche sehr schwierige Fragen. Insofern dieser
Herr versichert, er werde die Berechnung und die Gesetze
aller dieser Dinge mit verschiedenen, jedoch von ihm neulich 10
aufgefundenen unwiderleglichen Beweisgründen in zuverlässi-
ger Weise ableiten, sehe ich nicht, wie die Gelehrten unserer
Tage jenen Nachweis mißbilligen, erschüttern und entkräftigen
sollten. Denn sogar die mittelmäßigen Kenner der Mathematik, ja wenn ich so sagen soll, ihre Taglöhner sind sich
darüber einig, daß die astronomische Wissenschaft (obwohl
sie unter den Wissenschaften wegen der Genauigkeit des Kreises
und der Rechnung für die zuverlässigste gehalten wird) heute
nicht nur in einem Teilgebiet sowohl bezüglich der Zeitmessung als auch bezüglich der Beobachtung der Bewegungen 20
schlecht bestellt ist, und daß nicht immer genau stimmt, was
die Geometrie insbesondere verheißt. Da wir ferner, mein
liebster Georg, fühlen, daß wir in der Himmelskunde von
mehreren Schwierigkeiten befreit und uns die verwirrtesten
Knoten gelöst werden, so bitte ich, lies dieses Büchlein, das
ich Dir sende, sorgfältig durch, beurteile es nach dem Lesen
recht streng und nach seiner Beurteilung, wohlan! empfiehl
es allen Freunden der Mathematik, besonders aber Deinen
Nachbarn aufs Beste, übergib es ihnen darauf zur Verbreitung;
ob auf diese Weise zum Beispiel nicht nur der zweite Bericht 30
früher herausgegeben werde, sondern dieses ganz eigenartige und fast göttliche Werk (auf dessen Inhalt diese
Berichte hinweisen) nach seinem besseren Bekanntwerden Gefallen finden, dem Verfasser, einem Mann von zweifellos un-
vergleichlicher Gelehrsamkeit und Herkulischer oder vielmehr
Atlantischer Arbeitskraft, wenn er immer häufiger darum ge-

beten wird, abgerungen und das Ganze dank der Anregung,
Mühe und des fleißigen Ansporns durch meinen Freund, der
unter den gegenwärtigen Schriftstellern größte Hochachtung
verdient, uns einmal mitgeteilt werden könnte. Was ich durch
dieses Schreiben besonders besorgt haben will, ist durch Dich,
einen ohne Zweifel sehr guten Kenner der Naturwissenschaften,
den Dir gleichenden Vertretern dieses schönsten Faches eine
Gelegenheit zu schaffen, daß den Jüngeren die Möglichkeit,
in gebührender Dankbarkeit zu wachsen, den Älteren Mittel
10 an die Hand gegeben werden, je edelsinniger, desto ergie-
biger die Wahrheit auch im Widerspruch mit dem Haufen
der plebeischen Augen zu erforschen: Denn Du siehst klar,
welches Ziel diese Lehre verfolgt, welche und wie herrliche
Dinge diese Abhandlung verspricht. Lenke daher, wie Du
es gewohnt bist, im Verein mit edelgesinnten Männern
Deinen Sinn darauf, daß Ihr dieses Büchlein mit Eifer so
aufnehmet und ausleget, daß wir später nicht schmerzlich tragen
und noch trauriger beklagen, wir seien dieses lauteren und
köstlichsten Mahles, von dem wir hier einen so herrlichen
20 Vorgeschmack geben, beraubt und, wie wenn uns der süßeste
Bissen dem hungrigen Schlunde entrissen worden wäre, völlig
betrogen worden. Mein lieber Freund, leb wohl und lache
mir zu Liebe des Urteils der Menge! Denn es ist ja nicht
zu bezweifeln, daß diese neue Lehre einmal ohne allen Bei-
geschmack allen Gelehrten sowohl willkommen als nützlich
sein wird.

Feldkirch in Rhetien, im Jahre 1540 nach der
Geburt des Erlösers Jesus Christus

Dem hochberühmten Herrn

Johannes Schöner

sagt in kindlicher Verehrung Gruß

Georg Joachim Rhetikus

Am 14. Mai sandte ich in Posen einen Brief an Dich ab, in dem ich Dir meine Reise nach Preußen mitgeteilt und versprochen habe, mich so bald als möglich darüber zu äußern, ob der Erfolg dem Hörensagen und meiner Erwartung entspreche. Zwar konnte ich nunmehr kaum 10 Wochen auf das Studium des astronomischen Werkes des H. Doctor, zu 10 dem ich mich zurückgezogen habe, verwenden sowohl wegen einer leichten Unpäßlichkeit als besonders, weil ich auf den ehrenvollen Ruf des hochwürdigsten Herrn, H. Tidemann ∗ Giese, des Bischofs von Kulm, zusammen mit meinem H. Lehrer nach Löbau gereist bin und einige Wochen von meinen Studien ausgeruht habe; nun will ich aber doch, um endlich mein Versprechen zu erfüllen und Deinen Wünschen zu genügen, so kurz und klar als möglich die Ansicht meines H. Lehrers über die Fragen, die ich studierte, darlegen.

Zuerst möchte ich, daß Du, hochgelehrter H. Schöner, Dir 20 diesen Mann, dessen Betreuung ich mich jetzt erfreue, in jedem Zweig der Wissenschaften und in der Kenntnis der Astronomie ebenso bedeutend wie Regiomontan vorstellst. ∗ Lieber jedoch vergleiche ich ihn mit Ptolemäus, nicht weil ∗ ich Regiomontan für geringer halte als Ptolemäus, sondern weil mein Lehrer dieses Glück mit Ptolemäus gemeinsam hat, daß er die in Angriff genommene Verbesserung der Astronomie mit Hilfe der göttlichen Güte vollendet hat, während —

o grausames Schicksal — Regiomontan vor Vollendung seines
Werkes aus dem Leben schied.

Der H. Doctor, mein Lehrer, hat 6 Bücher verfaßt, in denen
er die ganze Astronomie vollständig behandelt hat, indem
er in Nachahmung des Ptolemäus die Einzelfragen mathe-
matisch und geometrisch darlegt und erklärt.

Das erste Buch enthält eine allgemeine Beschreibung des
Weltalls und die Grundsätze, mit deren Hilfe er es unternehmen
will, die Beobachtungen und Erscheinungen aller Zeiten zu
10 retten.

Danach schließt er die nach seiner Ansicht für sein Vorhaben nötigen Abschnitte aus der Lehre von den Sinus, den
ebenen und den sphärischen Dreiecken an.

Das zweite behandelt die Lehre von der ersten Bewegung
und die Erscheinungen bei den Fixsternen, die er an dieser
Stelle anzuführen für geboten hielt.

Das dritte handelt von der Bewegung der Sonne, und da
die Erfahrung ihn lehrte, daß die Länge des von den Nachtgleichen an berechneten Jahres auch von der Bewegung der
20 Fixsterne abhängt, zeigt er im ersten Teil dieses Buches, wie
man durch eine richtige Methode und mit wahrhaft göttlicher Geschicklichkeit die Fixsternbewegungen und die Änderungen der Wendepunkte und der Nachtgleichen erforscht.

Das vierte Buch behandelt die Bewegung des Mondes und
die Finsternisse.

Das fünfte Buch die Bewegungen der übrigen Planeten.

Das sechste die Breiten.

Die drei ersten Bücher habe ich durchstudiert, von dem
vierten den Hauptgedanken erfaßt, von den übrigen aber
30 zunächst die Hypothesen begriffen. Über die beiden ersten
glaube ich Dir nichts schreiben zu müssen; und zwar teils
* wegen einer ganz besonderen Absicht von mir, teils weil die
Lehre von der ersten Bewegung von der allgemeinen und
überkommenen Art nur darin abweicht, daß er die Tabellen
der Deklinationen, der Rektaszensionen, der Aszensionaldiffe-
renzen und die übrigen zu diesem Teil der Lehre gehörenden

Tafeln neu so aufstellte, daß sie an die Beobachtungen aller
Zeiten durch einen verhältnismäßigen Anteil angeglichen
werden können. So weit ich für jetzt den Inhalt des dritten
Buches mit den jetzigen schwachen Kräften meines Geistes
verstehen kann, werde ich ihn Dir zusammen mit den Hypothesen aller übrigen Bewegungen mit Gottes Hilfe verständlich berichten.

ÜBER DIE BEWEGUNG DER FIXSTERNE

Da mein H. Doctor in Bologna nicht so fast als Schüler
wie als Mitarbeiter und Zeuge der Beobachtungen des hoch- 10
gelehrten Mannes Dominikus Maria, in Rom um das Jahr *
des Herrn 1500 im Alter von etwa 27 Jahren als Professor
der Mathematik unter großem Schülerandrang und im Kreise
großer Männer und Meister in diesem Zweig der Wissenschaft,
darauf hier in Ermland, wo er sich ganz seinen Studien widmen
konnte, mit größter Sorgfalt Beobachtungen aufgeschrieben
hatte, wählte er aus den Beobachtungen der Fixsterne die- *
jenige aus, die er im Jahre des Herrn 1525 über die Spika
in der Jungfrau gemacht hat. Er stellte aber fest, daß sie vom
Herbstnachtgleichepunkt 17 Grad und ungefähr 21 Minuten 20
entfernt war, während er ihre südliche Deklination nicht kleiner
als 8 Grad 40 Minuten fand. Darauf entdeckte er durch Vergleichung aller Beobachtungen der Gewährsmänner mit seinen
eigenen, daß der Umlauf der Anomalie oder des Kreises der
Ungleichmäßigkeit vollendet sei, und daß wir uns gegenwärtig
von Timochares aus gerechnet im zweiten Umlauf befinden. *
Auf Grund dieser Feststellung hat er die mittlere Bewegung
der Fixsterne und die Gleichungen der ungleichmäßigen Bewegung durch geometrische Überlegung bestimmt.

Die Vergleichung der Spikabeobachtung des Timochares 30
vom 36. Jahre der ersten Kalippusperiode mit der vom Jahre 48 *
derselben Periode lehrt uns nämlich, daß die Fixsterne zu
jener Zeit in 72 Jahren um einen Grad vorgerückt sind, daß
sie dann aber von Hipparch bis Menelaus immer in hundert **

Jahren einen Grad durchlaufen haben; deshalb stellte er bei
sich fest, die Beobachtungen des Timochares seien in den
letzten Quadranten des Kreises der Ungleichmäßigkeit gefallen,
in welchem die mittlere Bewegung vermindert erscheinen
mußte, aber in der zwischen Hipparch und Menelaus liegenden
Zeit sei die Bewegung der Ungleichmäßigkeit an der langsamsten Stelle gewesen. Zeigt doch die Vergleichung der Beob-
* achtungen des Menelaus und Ptolemäus, daß damals die Sterne
sich in 86 Jahren durch einen Grad bewegt haben, daß daher
10 die Beobachtungen des Ptolemäus gemacht worden sind, als
die Bewegung der Anomalie sich im ersten Quadranten befand,
und daß damals die Sternbewegung nur um einen kleinen
Betrag vergrößert oder vermehrt war. Ferner entsprechen von
* Ptolemäus bis Albategnius einem Grad 66 Jahre, und die Vergleichung unserer Beobachtungen mit denen des Albategnius
zeigt, daß die Sterne in ihrer ungleichmäßigen Bewegung
wiederum in 70 Jahren einen Grad durchlaufen; die Vergleichung der obengenannten Beobachtungen mit seinen eigenen in Italien gemachten zeigt jedoch, daß die Fixsterne in
20 ihrer ungleichmäßigen Bewegung wieder in 100 Jahren über
einen Grad fortschreiten; so ist auch das Folgende sonnenklar:
*   Die Bewegung der Ungleichmäßigkeit hat von der Zeit des
Ptolemäus bis Albategnius zunächst die erste mittlere Grenze
und den ganzen Quadranten der vermehrten mittleren Bewegung durchschritten und um die Zeit des Albategnius sich in der
Gegend der größten Geschwindigkeit befunden; von Albategnius aber bis auf uns ist der dritte Quadrant der ungleichmäßigen Bewegung durchlaufen worden; inzwischen sind die
Sterne in verlangsamter Schnelligkeit weitergeschritten, und
30 die zweite Grenze der mittleren Bewegung ist vorüberge-
schritten, die Anomalie ist in unserer Zeit wieder in den vierten
Quadranten der verlangsamten mittleren Bewegung gelangt,
und die ungleichmäßige Bewegung strebt nunmehr wieder
der langsamsten Grenze zu.
   Um aber diese Ergebnisse in ein bestimmtes Gesetz zu
bringen, damit sie der Reihe nach mit allen Beobachtungen

übereinstimmen, setzte der H. Lehrer fest, daß die ungleichmäßige Bewegung in 1717 ägyptischen Jahren abläuft und
die größte Gleichung ungefähr 70 Minuten beträgt, die mittlere Bewegung der Sterne in einem ägyptischen Jahr 50 Sekunden ausmacht und der Umlauf der mittleren Bewegung
in 25 816 ägyptischen Jahren vollendet wird.

ALLGEMEINE BETRACHTUNG
DES VON DEN NACHTGLEICHEPUNKTEN
AUS GERECHNETEN JAHRES

Auch die von den Nachtgleichepunkten aus berechneten *10
Jahreslängen beweisen die Richtigkeit dieses Gesetzes der Bewegungen bei den Fixsternen, und es steht bestimmt fest,
daß von Timochares bis Ptolemäus ein Zwanzigstel weniger *
als ein ganzer Tag, von da bis Albategnius ungefähr 7 Tage,
von Albategnius bis zu seinen eigenen Beobachtungen vom
Jahre 1515 etwa 5 Tage fehlten; und daß dieser Ausfall keineswegs, wie bisher geglaubt wurde, infolge eines Mangels der Instrumente, sondern als Folge eines bestimmten und überall
mit sich übereinstimmenden Gesetzes auftritt; daß man daher
die Gleichheit der Bewegung keineswegs von den Nachtgleichen 20
aus, sondern von den Fixsternen aus zu bestimmen hat, wie
die Beobachtungen aller Zeiten über die Bewegungen sowohl
der Sonne und des Mondes als auch der übrigen Planeten
mit einer wunderbaren Übereinstimmung bezeugen. Da die
Gestirne sich von Timochares bis Ptolemäus mit der langsamsten Geschwindigkeit bewegten, so fand man, daß dem
Viertelstag, der über die 365 Tage hinausgeht, nur ein Drei-
hundertstel eines Tages fehlte; von Ptolemäus bis Albategnius
ergab sich, weil sie schnell waren, daß dem Viertel ein Ein-
hundertfünftel eines Tages fehlte; wenn heutigentags die Beob- 30
achtungen mit denen des Albategnius verglichen werden, so
ist klar, daß dem Viertel der 128. Teil eines Tages fehlt. Es
scheint also, daß der langsamen Bewegung die größere Länge
des von den Nachtgleichepunkten aus gerechneten Jahres ent-

spricht, der schnellen die kleinere, der Abnahme der Geschwindigkeit eine Verlängerung des Jahres, so daß man, wenn man heutigentags die Dauer des von den Äquinoktien aus berechneten Jahres genau prüft, wieder ungefähr mit Ptolemäus übereinstimmt. Daraus muß geschlossen werden, daß sich die Nachtgleichen wie die Knoten beim Mond rückwärts bewegen und keinesfalls die Sterne in der Folge der Tierzeichen weiterrücken.

Man mußte sich daher vorstellen: Es gibt einen mittleren
10 Nachtgleichepunkt, welcher vom ersten Stern des Widders aus in gleichmäßiger Bewegung unter Überholung der Fixsterne des Sternhimmels fortrückt; der wahre Nachtgleichepunkt entfernt sich in ungleichmäßiger, aber zugleich regelmäßiger Bewegung nach beiden Seiten von diesem mittleren Nachtgleichepunkt, so daß jedoch der Halbmesser seiner Entfernung 70 Minuten nicht viel übersteigt; so hat zu allen Zeiten ein feststehendes Gesetz für die Länge des von den Nachtgleichepunkten aus berechneten Jahres bestanden, und es kann noch heute wahrgenommen werden; außerdem entspricht dieses
20 Gesetz auf das genaueste und geradezu auf die Minute den Fixsternbeobachtungen aller Meister. Um Dir, hochgelehrter Schöner, eine Kostprobe zu reichen, habe ich Dir die wahren Präzessionen der Nachtgleichen für einige Beobachtungszeiten ausgerechnet.

Im ägyptischen Jahr		Wahre Präzession Grade Minuten		Zur Zeit des
vor Christi Geburt	293	2	24	Timochares
	127	4	3	Hipparch
nach Christi Geburt	138	6	40	Ptolemäus
	880	18	10	Albategnius
	1076	19	37	Arzahel
	1525	27	21	Jetzt

Wenn man die Präzession des Ptolemäus von den bei Ptolemäus aufgestellten Sternorten abzieht, so bleibt ihr Abstand

vom ersten Stern des Widders; hernach gibt die Addition
der Präzession des Albategnius den wahren Ort seiner Beobachtung. Das geschieht bei allen andern gleichermaßen. Diese
Annahmen entsprechen aber ganz genau den Beobachtungen
aller Meister, sobald auch noch die einzelnen Minuten aufgeschrieben werden, ob sie sich aus der angegebenen Deklination ergeben oder aus der Bewegung des Mondes, welche
zu größerer Genauigkeit geführt ist, wie uns der Vergleich
unserer Beobachtungen mit denen der Alten lehrt. Denn durch *
Vernachlässigung einiger Minuten kann man, wie Du siehst, 10
wenigstens $1/2$ oder $1/3$ oder $1/4$ Grad wegschneiden. Aber
diese Annahmen werden den Bewegungen der Apsiden der
Planeten nicht gerecht; deshalb mußte man ihnen eine eigene
Bewegung zuschreiben, wie aus der Sonnentheorie hervor-
gehen wird.

Da er übrigens erfaßt hatte, daß man die Gleichmäßigkeit der Bewegungen aus den Fixsternen gewinnen muß, untersuchte er das siderische Jahr aufs sorgfältigste und fand, daß
es 365 Tage 15 Minuten und ungefähr 24 Sekunden beträgt
und immer betragen hat, seitdem die Anstellung von Beob- 20
achtungen feststeht. Denn wenn nach dem Bericht des Albategnius die Babylonier 3 Sekunden mehr annehmen, Thebit
1 Sekunde weniger, so kannst Du das, ohne Unrecht zu tun,
den Instrumenten oder den Beobachtungen, die, wie Du
weißt, nirgends ganz genau sein können, oder der Verschiedenheit der Sonnenbewegung oder auch der Tatsache zuschreiben, daß die ältesten Forscher bei den Beobachtungen die Unterschiede im Aussehen der Sonne vernachlässigt haben, weil
sie noch keine zuverlässige Theorie der Finsternisse hatten.

Auf keinen Fall jedoch darf dieser Fehler der ganzen Zeit 30
von den Babyloniern bis auf uns in Vergleich gestellt werden
mit jenem zwischen Ptolemäus und Albategnius, der 22 Sekunden eines Tages beträgt. Daß es aber notwendig war,
daß zwischen Hipparch und Ptolemäus ein Zwanzigstel eines
Tages weniger als ein Tag ausfiel, zwischen diesem und Albategnius fast 7 Tage fehlten, habe ich, hochgelehrter Herr

Schöner, mit größtem Vergnügen aus der obigen Theorie der Sternenbewegung und aus des Herrn Lehrers eigener Abhandlung über die Bewegung der Sonne geschlossen, wie Du gleich nachher sehen wirst.

ÜBER DIE VERÄNDERUNG DER SCHIEFE DER EKLIPTIK

Der Herr Doktor, mein Lehrer, hat herausgefunden, daß die Veränderung der größten Deklination folgendes Gesetz hat: Während der Ablauf der Ungleichheit der Fixsterne einmal
10 vor sich geht, soll sich die Hälfte der Schiefenperiode abspielen; deshalb hat er auch festgestellt, daß der ganze Umlauf der Schiefenänderung in 3434 ägyptischen Jahren stattfindet.

Es steht fest, daß zu den Zeiten des Timochares, des Aristarch und des Ptolemäus der Wechsel der Schiefe sich sehr langsam vollzogen hat, so daß sie glaubten, daß die unveränderliche größte Deklination immer $^{11}/_{83}$ eines Großkreises betrage. Nach ihnen hat Albategnius für seine Zeit 23 Grad und ungefähr 35 Minuten angegeben; dann ungefähr 190 Jahre nach ihm Arzahel 23 Grad 34 Minuten; wieder 230 Jahre
20* nach letzterem der Jude Prophatius 23 Grad 32 Minuten; in unserer Zeit erscheint sie nicht größer als 23 Grad 28$^{1}/_{2}$ Minuten. Da hieraus klar ersichtlich ist, daß vor Ptolemäus
* die Bewegung der Schiefenänderung in 400 Jahren am langsamsten gewesen ist, von diesem bis Albategnius aber im Lauf von ungefähr 750 Jahren um 17 Minuten und von Albategnius bis auf uns in 650 Jahren nur um 7 Minuten abgenommen hat, so folgt, daß die Änderung der Schiefe entsteht wie die Abweichung der Planeten von der Ekliptik, durch eine gewisse Schwingung oder geradlinige Bewegung, der es
30 eigentümlich ist, in der Mitte am schnellsten, an den Enden am langsamsten zu sein. Um die Zeit der Albategnius befand sich also der Äquator- oder Ekliptikpol ungefähr in der Mitte dieser Schwingungsbewegung, in unserer Zeit ist er in der Umgebung des einen langsamsten Endes, wo die größte Annäherung des einen Pols an den anderen stattfindet.

Aber oben habe ich nun geäußert, daß die Bewegungen
der Fixsterne und der Unterschied der von den Nachtgleichepunkten aus gerechneten Jahreslängen durch eine Bewegung
des Äquators gerettet werden, und nun sind die Pole dieses *
Äquators die Scheitel der Erde, von denen aus die Polerhebun-
gen gemessen werden. Du siehst also, hochgelehrter H. Schöner,
um Dich gelegentlich daran zu erinnern, welche Annahmen
und Theorien die Beobachtungen der Bewegungen verlangen;
Du wirst jedoch noch klarere Zeugnisse hören. Fernerhin nimmt
der H. Lehrer an, die kleinste Schiefe werde 23 Grad 28 Mi-   *10
nuten sein, und ihr Unterschied von der größten 24 Minuten
betragen. Daraus hat er eine Tafel der Verhältnisteilchen aufgestellt, damit man für alle Zeiten aus ihr die größte Schiefe
der Ekliptik ermitteln kann. So waren es zur Zeit des Ptolemäus
58, des Albategnius 24, des Arzahel 15 und in unserer Zeit
1 Verhältnisteilchen. Es ist klar, daß man durch Bestimmung
des Anteils an den 24 Minuten Unterschied, der diesen Verhältnisteilchen entspricht, eine sichere Regel für die Änderung
der Schiefe gefunden hat.

ÜBER DIE EXZENTRIZITÄT UND DIE BEWEGUNG 20 DES SONNENAPOGÄUMS

Da sich bei der Sonnenbewegung alle Schwierigkeit um *
die fließende und unbeständige Länge des Jahres dreht, muß
zuerst über die Änderung des Apogäums und der Exzentrizität gesprochen werden, damit wir alle Ursachen der Ungleichheit des Jahres anführen; der H. Lehrer zeigt jedoch
unter Zuhilfenahme der dazu geeigneten Theorien, daß sie
regelmäßig und feststehend sind.

Als Ptolemäus behauptete, daß das Apogäum der Sonne
fest sei, wollte er lieber die übliche Meinung annehmen, 30
als seinen eigenen Beobachtungen glauben, welche vielleicht
zu wenig von der allgemeinen Ansicht abwichen. Aber wie
trotzdem durch einen bindenden Schluß aus seinem Bericht
hervorgeht, steht fest, daß die Exzentrizität zur Zeit Hipparchs,

also bestimmt 200 Jahre vor ihm, 417 solcher Teile betrug,
von denen 10000 auf den Halbmesser des Exzenterkreises
kommen; daß es aber zur Zeit des Ptolemäus 414, zur Zeit
Arzahels (dem auch unser Regiomontan ein stärkeres Vertrauen schenkt) ungefähr 346 waren, geht aus der größten
Gleichung hervor; aber gegenwärtig sind es 323, insofern
nämlich der H. Lehrer versichert, daß er die größte Gleichung
nicht höher als 1 Grad 50$^1/_2$ Minuten findet.

Als er dann die Bewegungen der Apsiden der Sonne und
10 der übrigen Planeten aufs sorgfältigste untersuchte, fand er,
wie Du auch aus dem Vorhergehenden ersiehst, zuerst: Die
Apsiden schreiten in eigenen Bewegungen unter der Kugel
der Fixsterne vorwärts, und die Behauptung, daß die Bewegungen der Fixsterne und Apsiden, die sich nur in einer
einzigen Bewegung kundtun, sowie diejenigen der Schiefenänderung von einer einzigen Ursache abhängen, ist nicht ver-
nünftiger, als wenn einer eurer Meister, welche die natürlichen Bewegungen der Planeten nachmachen, versuchen wollte,
die Bewegungen und Erscheinungen der einzelnen Planeten
20 durch ein und dasselbe Getriebe nachzubilden, oder wenn
jemand den Nachweis wagen wollte, daß der Fuß, die Hand
und die Zunge mit ein und demselben Muskel und mit der
gleichen bewegenden Kraft alle ihre Bewegungen vollbringen.
Deshalb hat der H. Lehrer dem Apogäum der Sonne zwei
Bewegungen zugeschrieben, nämlich eine mittlere und eine hin
und herführende, durch die es sich unterhalb der achten Sphäre
* bewegen soll. Dazu kommt noch: Da der wahre Nachtgleichepunkt sich infolge der gleichmäßigen und der ungleichmäßigen
Bewegung im Tierkreis rückwärts bewegt, müssen die Apo-
30 gäen der Sonne und der übrigen Planeten wie die Fixsterne
zurückgerückt werden. Deshalb ist er gezwungen, drei solche
Bewegungen voneinander zu unterscheiden, um die Beobachtungen aller Zeiten auf Grund eines harmonischen Gesetzes
miteinander in Übereinstimmung zu bringen.

Damit Du das verstehst, nimm an, die größte Exzentrizität werde 417, die kleinste 321 Teile betragen; der Unter-

schied sei 96 Teile, er sei natürlich der Durchmesser des kleinen
Kreises, auf dessen Umfang der Mittelpunkt des Exzenters
von Ost nach West bewegt werden soll; vom Mittelpunkt
der Welt bis zum Mittelpunkt dieses kleinen Kreises werden
es also 369 Teile sein. Alle diese Teile sind solche, von denen *
der Exzenterhalbmesser, wie soeben gesagt worden ist, 10000
besitzt. Dann hast Du den Mechanismus, den er aus den
drei oben angeführten Exzentrizitäten auf ganz ähnliche Weise
herausfand, wie man aus drei Mondfinsternissen seine gleichmäßigen Bewegungen mit Hilfe eines sicherlich bewunderns- 10
werten Kunstgriffes verbessert.

Ferner stellte er fest, daß der Mittelpunkt des Exzenters
den Umlauf mit gleicher Geschwindigkeit vollzieht, mit der
jeder Unterschied der Schiefenänderung wiederkommt. Und
diese Entdeckung ist wahrhaftig der größten Bewunderung
würdig, weil sie mit so großer und wunderbarer Harmonie
verwirklicht wird.

Ungefähr 60 Jahre vor der Geburt des Herrn fand die
größte Exzentrizität statt, zu derselben Zeit auch die größte
Deklination der Sonne, und im ganz und gar gleichen Ver- 20
hältnis wie die eine nahm auch die andere ab, so daß mir
dieses wie auch andere derartige Naturspiele in dem wechselnden Geschick meines Lebens immer wieder Beruhigung
bringen und in das bekümmerte Herz süßesten Trost träufeln.

NACH DER BEWEGUNG DES EXZENTERS
WECHSELN DIE MONARCHIEN DER WELT

Ich möchte auch eine wichtige Prophezeiung anfügen. Wir *
sehen, daß alle Alleinherrschaften angefangen haben, wenn
der Mittelpunkt des Exzenters sich in irgendeinem ausgezeichneten Punkt dieses kleinen Kreises befunden hat. So neigte 30
sich das römische Reich der Monarchie zu, als die Sonne
die größte Exzentrizität hatte, und in der gleichen Weise,
wie jene abnahm, verfiel auch dieses, wie wenn es alterte,
und ging so unter. Als sie zum Viertel und der Grenze der

kleinen Exzentrizitäten kam, wurde das mohammedanische
Gesetz aufgestellt; so begann ein anderes großes Reich und
wuchs schnellstens im Verhältnis der Bewegung. Von jetzt
an in 100 Jahren, wenn die Exzentrizität am kleinsten sein wird,
wird auch dieses Reich seine Zeit vollenden, wie es sich
schon jetzt auf dem höchsten Gipfel seiner Macht befindet,
von dem es mit Gottes Willen gleich schnell durch einen
schweren Fall stürzen wird.

    Wenn aber der Mittelpunkt des Exzenters zur anderen Grenze
10 der unteren Beträge gelangen wird, so wird, wie wir hoffen,
unser Herr Jesus Christus erscheinen, denn an dieser Stelle
war er um die Zeit der Weltschöpfung; auch weicht diese
Vermutung nicht viel von jenem Wort des Elias ab, der auf
Grund göttlicher Eingebung vorhergesagt hat, daß die Welt
nur 6000 Jahre bestehen werde, eine Zeit, in der ungefähr
zwei Umläufe zu Ende geführt werden. So leuchtet ein, daß
dieser kleine Kreis im wahrsten Sinne jenes Rad des Schicksals
ist, nach dessen Umdrehungen die Alleinherrschaften der Welt
ihren Anfang nehmen und abgelöst werden. Auf solche Weise
20 können in der Tat die größten Veränderungen der ganzen
Weltgeschichte, wie wenn sie auf diesen Kreis geschrieben
wären, erschaut werden. Wie man aber fernerhin aus den
großen Konjunktionen und anderen gelehrten Deutungen erkennen kann, welcher Art jene Herrschaften sein mußten,
ob sie eine gerechte oder eine tyrannische Verfassung hatten
möchte ich in Bälde, so Gott will, von Dir persönlich hören.

FORTSETZUNG DER AUSFÜHRUNGEN
ÜBER DIE EXZENTRIZITÄT
UND DAS APOGÄUM

30   Weiterhin ist es die natürliche Folge, daß der Mittelpunkt
des kleinen Kreises in der Reihenfolge der Tierzeichen in
den einzelnen ägyptischen Jahren je ungefähr 25 Sekunden
vorwärts schreitet, während der Mittelpunkt des Exzenters
gegen den Weltmittelpunkt hinabsteigt. Und da der Mittelpunkt des Exzenters sich von der größten Entfernung an

rückwärts bewegt, so wird zum Zweck der Bestimmung des
wahren Apogäums die Gleichung, die der Bewegung der Anomalie in der angenommenen Zeit entspricht, von der mittleren Bewegung abgezogen, bis dieser Halbkreis vollendet wird,
im übrigen aber addiert.

Die größte Gleichung zwischen dem wahren und dem mittleren Apogäum ist, wie es sich gehört, auf geometrischem Weg
aus dem früher Gesagten zu 7 Grad 24 Minuten abgeleitet,
die übrigen sind, wie gewöhnlich, entsprechend der Lage des
Exzentermittelpunktes in diesem kleinen Kreis berechnet   10
worden. Über die ungleichmäßige Bewegung haben wir Gewißheit, weil drei Örter gegeben sind; über die mittlere besteht
noch ein Zweifel, weil wir zu jenen drei Örtern die wahre
Stellung des Sonnenapogäums in der Ekliptik nicht haben,
und zwar wegen eines Fehlers, der in die Zeit zwischen Albategnius und Arzahel fällt, wie unser Regiomontan in seinem
Abriß im dritten Buch Satz 13 berichtet. Albategnius bedient
sich der Kunstgriffe der Astronomie zu willkürlich, wie
an vielen Stellen zu sehen ist. Wie konnte er den Ort des
Sonnenapogäums feststellen, wenn er dies auch bei seiner Be-   20
rechnung getan hat? Dabei wollen wir ihm meinetwegen das
Zugeständnis machen, daß er die wahre Zeit der Nachtgleiche
gekannt habe; ist es doch auch nach dem Zeugnis des Ptolemäus unmöglich, die Zeiten der Sonnwenden mit den Instrumenten genau festzulegen; denn an dieser Stelle kann uns
ja eine Minute der Deklination, die den Sinnen sicherlich leicht
entgeht, um ungefähr vier Grade täuschen, und diesen entsprechen vier Tage. Wenn er den dazwischenliegenden Orten
der Ekliptik entlang vorging, wie Regiomontan im 14. Satz
desselben Buches mitteilt, so gebrauchte er ein zu wenig ver-   30
läßliches Beweismittel. Wenn er sich also geirrt hat, mag er
sich zum Vorwurf machen, daß er Finsternisse auswählte, die
nicht in der Umgebung des Apogäums, sondern um die mitt-   *
leren Längen des Exzenters der Sonne stattfanden, wo das
Apogäum der Sonne, auch wenn es von seinem wahren Ort
um 6 Grad versetzt worden wäre, bei den Finsternissen keinen

bemerkenswerten Fehler verursachen könnte. Nach dem Bericht Regiomontans rühmt sich Arzahel, daß er 402 Beobachtungen angestellt und aus diesen den Ort des Apogäums bestimmt habe. Wir geben zu, daß er durch diese Sorgfalt zwar die wahre Exzentrizität ermittelt hat, aber da nicht bekannt ist, daß er die Mondfinsternisse in der Umgebung der Sonnenapside zu Rate gezogen hat, so kann man ihm offensichtlich bei der Bestimmung der größten Apside nicht mehr beipflichten als dem Albategnius. Du siehst hier, mit welcher Mühe und
10 Anstrengung der H. Lehrer die Bestimmung der mittleren Bewegung des Apogäums erringen mußte. Er hat ungefähr 40 Jahre lang in Italien und hier in Ermland die Finsternisse und den Lauf der Sonne beobachtet und die Beobachtung ausgewählt, durch die er feststellte, daß im Jahr 1515 das Apogäum der Sonne im Grad $6^2/_3$ des Krebses gestanden ist. Dann prüfte er alle Finsternisse bei Ptolemäus nach, verglich sie mit seinen eigenen äußerst sorgfältigen Beobachtungen und stellte fest, daß die mittlere jährliche Bewegung des Apogäums von den Fixsternen aus gerechnet ungefähr 25 Sekunden,
20* vom mittleren Äquinoktium aus aber 1 Minute und ungefähr 15 Sekunden beträgt. Und auf diese Weise berechnet man mit Hilfe beider Bewegungen, der mittleren und der ungleichmäßigen, und unter Anrechnung der wahren Präzession der Nachtgleichepunkte, daß einerseits der wahre Ort des Apogäums vom wahren Nachtgleichepunkt aus zur Zeit Hipparchs im Grad 63, zu der des Ptolemäus im Grad $64^1/_2$, zu der des Albategnius im Grad $76^1/_2$, zu der Arzahels im Grad 82 gestanden ist, daß aber gegenwärtig alle Ergebnisse mit der Erfahrung übereinstimmen. Diese Resultate passen sicher besser
30 zusammen als die Alfonsinischen Tafeln, durch welche die Lage
* des Apogäums der Sonne zur Zeit des Ptolemäus im 12. Grad der Zwillinge, zu unserer Zeit im Anfang des Krebses festgelegt wird. Der Annahme des Arzahel rücken wir um 2 Grad näher. Die Berechnung des Apogäumsorts des Albategnius ist im Vergleich zu jenen um 1 Grad höher, wir gehen von ihm mit vollem Recht um 6 Grad ab. Denn der H. Doktor, mein

Lehrer, kann keineswegs von Ptolemäus und seinen eigenen
Beobachtungen abweichen, einmal weil er die seinen mit eigenen Augen gesehen und wahrgenommen hat, dann auch,
weil er sieht, daß Ptolemäus die Bewegungen mit größter
Sorgfalt und mit Hilfe der Sonnen- und Mondfinsternisse re-
gelrecht geprüft und sie, soweit es möglich war, zuverlässig
berechnet hat. Die Tatsache, daß wir gezwungen sind, uns
um ungefähr 1 Grad von ihm zu unterscheiden, wird uns
aus der Bewegung des Apogäums begreiflich, das er für
feststehend hielt; deshalb hat er auch hier nicht sorgfältig 10
genug geprüft.

Das ist die Meinung meines H. Lehrmeisters über die Bewegung der Sonne. Er stellte daher Tafeln auf, um damit
zu jeder angenommenen Zeit den wahren Ort des Sonnenapogäums, die wahre Exzentrizität, die wahren Gleichungen, die
gleichmäßige Sonnenbewegung gegen die Fixsterne und die
mittleren Nachtgleichen und daraus den wahren Ort der Sonne
in Übereinstimmung mit den Beobachtungen aller Zeiten zu
errechnen. Daraus leuchtet ein, daß die Tafeln des Hipparch,
Ptolemäus, Theon, Albategnius, Arzahel und die aus diesen 20
von irgendeiner Seite zusammengeschriebenen Alfonsinischen
Tafeln nur für eine beschränkte Zeit gültig sind und höchstens
200 Jahre gelten konnten, bis eben ein merklicher Unterschied
der Jahreslänge, der Exzentrizität, der Gleichung usw. eintrat.
Das trifft mit gleicher Sicherheit auch bei den Bewegungen und
Erscheinungen der übrigen Planeten zu. Deshalb konnte die
Astronomie des H. Doktor, meines H. Lehrers, mit vollem
Recht eine ewige genannt werden, wie die Beobachtungen aller
Zeiten bezeugen und die Beobachtungen der Nachwelt ohne
Zweifel bestätigen werden. Übrigens berechnet er seine Bewe- 30
gungen und die Apsidenorte vom ersten Stern des Widders
aus, weil von den Fixsternen aus gesehen Gleichmäßigkeit der
Bewegungen besteht. Dann zählt er die wahre Präzession hinzu
und berechnet und bestimmt so, wie weit in den einzelnen
Zeiten die wahren Planetenorte vom wahren Nachtgleichepunkt
entfernt sind. Wenn daher nur kurz vor unserer Zeit eine

* solche Himmelslehre vorhanden gewesen wäre, hätte Picus in seinem achten und neunten Buch keine Gelegenheit gehabt, nicht nur die Astrologie, sondern auch die Astronomie zu bekämpfen. Wir sehen nämlich von Tag zu Tag besser, wie auffallend die allgemein übliche Rechnung von der Wahrheit abweicht.

BESONDERE BETRACHTUNG DER LÄNGE DES VON DEN NACHTGLEICHEN AUS BERECHNETEN JAHRES

10*   Bei der Verbesserung des Kalenders zählen die meisten auch die von den Autoren aufgestellten verschiedenen Jahreslängen auf, jedoch verworren, und treffen keine bestimmten Abgrenzungen, was bei solchen Mathematikern sicherlich verwunderlich ist. Wie Du aber, hochgelehrter H. Schöner, aus den seitherigen Ausführungen ersiehst, gibt es 4 Gründe für die Ungleichheit der von den Nachtgleichepunkten aus gemessenen Sonnenbewegung: die Ungleichheit des Vorrückens der Nachtgleichen, die Ungleichheit der Bewegung der Sonne in der Ekliptik, die Abnahme der Exzentrizität, schließlich das durch
20 einen zweifachen Grund verursachte Fortschreiten des Apogäums, und daher kann aus den gleichen Gründen das von den Nachtgleichen aus berechnete Jahr keineswegs gleich sein. Dem Ptolemäus kann freilich leicht verziehen werden, daß er voraussetzte, die Gleichmäßigkeit sei von den Nachtgleichen
* aus zu bestimmen, da er glaubte, daß die Fixsterne sich vorwärts bewegen, der Ort des Apogäums feststehend sei und die Exzentrizität nicht abnehme. Wie sich aber andere entschuldigen
* wollen, sehe ich nicht. Denn wenn wir ihnen auch zugestehen würden, daß die Fixsterne und das Sonnenapogäum durch die-
30 selbe Bewegung in der Folge der Tierzeichen vorrücken, und daß deshalb in Wahrheit sich an der vom wahren Äquinoktium aus gemessenen Zeit nichts ändere, sondern daß der ganze Unterschied wegen eines Fehlers der Instrumente eintrete, sofern nämlich das Vorrücken des Sonnenapogäums die Länge des Jahres sozusagen zu wenig ändere — eine Behauptung,

die in unserem Zeitalter aber ganz abwegig wäre —, so wird
deswegen doch nicht folgen, daß die Sonne regelmäßig immer
in der gleichen Zeit zum wahren Äquinoktium zurückkehre,
wie wir zum Beispiel sagen, daß der Mond regelmäßig in
gleicher Zeit sich vom mittleren Apogäum seines Epizykels
entferne und wieder zu ihm zurückkehre: wie der hochgelehrte
Markus von Benevent nach der Meinung der Alfonsinischen Ge-   *
lehrten berichtet. Denn da wir mit absoluter Sicherheit die
Veränderlichkeit der Sonnenexzentrizität nicht in Abrede ziehen
können, mögen sie einmal sehen, wie sie behaupten können,   10
daß die vom Nachtgleichepunkt aus beobachtete Jahreslänge
wegen der Veränderung des Winkels der Abweichung von
der mittleren Bewegung nicht geändert werde. Ich für meine
Person beglückwünsche in der Tat aus ganzem Herzen das
Gemeinwesen und alle Studierenden, welchen die Arbeit des
H. Doctor, meines Lehrers, nützen wird, daß wir eine verläßliche Berechnung der Verschiedenheit des Jahres haben. Aber
damit Du das alles leichter durchschaust, hochgelehrter H.
Schöner, so will ich Dir dies in Zahlen vor Augen stellen,
um endlich meinen obigen Versprechungen zu genügen.   20
    Es stehe die Sonne im mittleren Frühlingspunkt, welcher
zur Zeit der von Hipparch angestellten Beobachtung des
Herbstpunktes im Jahre 147 vor Christi Geburt dem ersten
Stern des Widders um 3 Grad 29 Minuten voranging. Die
Sonne möge von diesem Punkt der 8. Sphäre aus fortschreiten,
so daß sie in einem siderischen Jahr (nämlich in 365 Tagen
15 Minuten und ungefähr 24 Sekunden) zum gleichen Punkt
zurückkehrt. Da aber die mittlere Nachtgleiche in einem siderischen Jahr der Sonne ungefähr über 50 Sekunden entgegenschreitet, kommt es, daß die Sonne früher zum mitt- 30
leren Frühlingspunkt kommt als an den Ort, von dem sie
ausgegangen ist, wo nämlich die Sonne und die mittlere Nachtgleiche im gleichen Ekliptikpunkt vereinigt waren. Das
vom mittleren Nachtgleichepunkt aus berechnete Jahr ist also
kleiner als das siderische Jahr, und es wird aus unseren Annahmen auf 365 Tage 14 Minuten und ungefähr 34 Sekunden

errechnet. Aber wenn wir untersuchen, wieviel Tage und
Teile eines Tages mit Rücksicht auf den mittleren Nachtgleichepunkt in den 285 Jahren, welche zwischen Hipparch und Ptolemäus liegen, überzählig werden, so finden wir 69 Tage und
ungefähr 9 Minuten; es würden also 2 Tage 6 Minuten fehlen,
wenn wir annähmen, daß in jedem Jahre ein Viertelstag überschüssig sei. Daher wollen wir auch die übrigen Ursachen
genau untersuchen, bis wir finden, daß nur ein Tag weniger
ein Zwanzigstel eines Tages vermißt werden.

10*   Zur Zeit der Beobachtung Hipparchs ging der wahre Nachtgleichepunkt dem mittleren in der Gegenrichtung des Tierkreises um 21 Minuten der Himmelsekliptik voraus; in diesem
Punkt war damals die Sonne; aber zur Zeit des Ptolemäus
folgte der wahre Nachtgleichepunkt dem mittleren um ungefähr 47 Minuten nach. Als deshalb die Sonne zur Zeit des
Ptolemäus zur 21. Minute vor dem mittleren Nachtgleichepunkt
gekommen war, wo sie zur Zeit des Hipparch den wahren
* Äquator verlassen hatte, war nicht Nachtgleiche, auch nicht
als sie zum mittleren Nachtgleichepunkt gelangt war, sondern
20 erst nachdem sie jenen um 47 Minuten überschritten hatte, fiel
* sie in den Mittelpunkt der Erde, wie Plinius sagt, d. h. in
den Ort des wahren Nachtgleichepunktes. Die Sonne mußte
also einen Bogen von 1 Grad und 8 Minuten hinaufsteigen;
diesen Bogen legte sie in ihrer wahren Bewegung in 1 Tag
8 Minuten zurück. Das notiere ich zur Seite und untersuche,
um wieviel der Winkel der Ungleichmäßigkeit an diesem Ort
abnahm, und ich finde, daß ihm ungefähr 1 Tagesminute
entspricht. Offenbar kommt also zu den vom mittleren Nachtgleichepunkt aus errechneten Tagen die Zeit von 1 Tag 9 Mi-
30 nuten hinzu, und Ptolemäus berichtet darum mit Recht, es seien
285 Jahre 70 Tage 18 Minuten zwischen seiner Beobachtung und
der des Hipparch von der einen wahren Nachtgleiche bis zur
anderen wahren Nachtgleiche; infolgedessen fehlen 57 Tagesminuten; das ergibt sich auch aus der Subtraktion von 1 Tag
und 9 Minuten von den 2 Tagen und 6 Minuten, die man
oben im Hinblick auf die mittlere Nachtgleiche vermißte.

Sprechen wir aber über den Ausfall von 7 Tagen zwischen Ptolemäus und Albategnius! Er fällt deshalb auf, weil die Zeitspanne größer ist, nämlich 743 Jahre, weshalb auch alle Ursachen deutlicher sichtbar sein werden. Zur Zeit des Ptolemäus ging die mittlere Nachtgleiche dem ersten Stern des Widders, wenn man im Tierkreis rückwärts rechnet, um 7 Grad und ungefähr 28 Minuten voran. Dadurch daß von da an aber, wie schon gesagt, die mittlere Nachtgleiche der mittleren Sonne entgegenging, wurden in den Jahren zwischen Ptolemäus und Albategnius wegen der Zugaben in Rücksicht 10 auf den mittleren Nachtgleichepunkt 180 Tage und ungefähr 14 Minuten überschüssig. Es werden also 5 Tage 31 Minuten fehlen, wenn wir die Zeit bis zum mittleren Frühlingspunkt mit der vergleichen, welche überschüssig ist, wenn in 4 Jahren 1 Tag gerechnet wird. Übrigens hatte die Sonne zur Zeit des Ptolemäus den wahren Frühlingspunkt 47 Minuten hinter dem mittleren Frühlingspunkt, im Tierkreis vorwärts gerechnet, gelassen; zur Zeit des Albategnius war der wahre Frühlingspunkt 22 Minuten vor dem mittleren Frühlingspunkt, im Tierkreis rückwärts zu rechnen. Die Sonne kam also früher zum 20 wahren Äquator als zum mittleren oder dorthin, wo sie den * wahren Äquator verlassen hatte, was dem früheren Beispiel entgegengesetzt ist. Daher wird die Zeit, welche 1 Grad 9 Minuten entspricht, von den für den mittleren Frühlingspunkt errechneten Tagen abgehen und zu dem Rückstand, nämlich 5 Tagen 31 Minuten, hinzutreten, und da auf dieselbe Weise wegen der Abnahme der Exzentrizität mit dem Unterschied des Winkels der Ungleichmäßigkeit, welchem 30 Tagesminuten entsprechen, zu verfahren ist, so werden 1 Tag 30 Minuten von der mittleren Zeit wegfallen wegen der Änderung des 30 Winkels der Ungleichmäßigkeit und der ungleichen Bewegung der Präzession, die sich mit den beiden übrigen Gründen für die ungleichmäßige Bewegung der Sonne vereinigen; so werden 178 Tage 44 Minuten als wahrer Zusatz von Ptolemäus bis zur Beobachtung des Albategnius herauskommen. Aber wenn man dieselbe Verminderung zu den 5 Tagen 31 Minuten hinzu-

fügt, zeigt sich, daß 7 Tage 1 Minute überschüssig gewesen
* sind, was zu beweisen war.

Eine solche Riesenarbeit kostete es, durch diese Überlegung
die Bewegungen der Fixsterne und der Sonne wieder in Ordnung zu bringen, damit aus der Verknüpfung dieser Bewegungen die wahre Berechnung der Länge des auf die Frühlings-
punkte bezogenen Jahres geschlossen werden könne. Daher
hat Gott die Krone in der Astronomie dem hochgelehrten
Mann, meinem Herrn Lehrer, für ewig verliehen, was der Herr
10 zur Wiederherstellung der astronomischen Wahrheit lenken,
schützen und fördern möge. Amen.

Ich habe beschlossen, Dir hochgelehrter H. Schöner, in Kürze
die ganze Behandlung der Bewegung des Mondes und der
übrigen Planeten, wie die der Bewegung der Fixsterne und
der Sonne zu beschreiben, damit Du siehst, welche Vorteile
aus den Büchern meines H. Lehrers für die Studierenden der
Mathematik und die ganze Nachwelt wie aus einem über-
reichen Quell hervorströmen werden. Da ich aber sah, daß
mir gegenwärtig die Mühe allzugroß würde, so glaubte ich
20* über diese Frage einen besonderen Bericht verfassen zu müssen.
Die Ausführungen, die nach meiner Ansicht den genannten
Teilfragen, gewissermaßen vorauseilen und den Weg bereiten müssen, will ich daher an dieser Stelle erledigen und
in die Hypothesen der Bewegung des Mondes und der übrigen Planeten gewisse allgemeine Gedanken einstreuen, damit
sich Deine Erwartungen von dem ganzen Werke erhöhen und
Du volle Klarheit erhältst über die Notwendigkeit, die ihn
zur Annahme anderer Hypothesen oder Theorien zwang.

Da ich am Anfang unseres Berichtes vorausgeschickt habe,
30 daß mein H. Lehrer sein Werk nach dem Vorbild des Ptolemäus eingerichtet habe, sehe ich, daß mir gewissermaßen nichts
weiter mehr geblieben ist, was ich über seine Methode der
Verbesserung der Bewegung bei Dir rühmen könnte, denn
die Sorgfalt des Ptolemäus in der Berechnung ist unermüd-
lich, seine Zuverlässigkeit in den Beobachtungen übersteigt
geradezu die menschliche Kraft, sein Scharfsinn, alle Bewe-

gungen und Erscheinungen zu erforschen und zu ermitteln,
ist wahrhaft göttlich, und schließlich ist sein Lehr- und Beweis-
verfahren überall frei von Widerspruch, deshalb kann ihn auch
keiner, dem Urania gnädig ist, genügend bewundern und
preisen.

In dieser Hinsicht entfällt auf meinen H. Lehrer deshalb
eine größere Arbeitslast als auf Ptolemäus, weil er die fort-
laufende Reihe aller Bewegungen und Erscheinungen, die von
den Beobachtungen zweier Jahrtausende als von den hervor-
ragendsten Führerinnen auf dem weltenweiten Gebiet der   10
Astronomie entwickelt wird, in ein gesichertes und in seinen
Teilen übereinstimmendes System oder in eine Harmonie
bringen mußte; dem Ptolemäus dagegen standen kaum aus
dem vierten Teil dieser großen Zeitspanne verläßliche Beobachtungen der Alten zur Verfügung. Und da von der Zeit,
dem wahren Gott und Gesetzgeber der Verfassung des Him-
melsstaates, die Irrtümer der Astronomie enthüllt werden, weil
ja ein gleich nach der Einführung von Hypothesen, Vorschriften
und Tafeln der Astronomie noch unmerklicher oder auch ver-
nachlässigter Fehler mit fortschreitender Zeit zutage tritt oder   20
sogar ins Ungemessene anwächst, so mußte mein H. Lehrer
das Gebäude der Astronomie nicht so fast instand setzen, als
vielmehr von neuem aufbauen. Ptolemäus konnte die meisten
Hypothesen der Alten, wie die des Timochares, des Hipparch
und anderer hinreichend in Einklang bringen mit der Reihe
der verschiedensten Bewegungen, die ihm aus der verflossenen
so kurzen Beobachtungszeit bekannt war. Mit Sachkenntnis
und Klugheit wählte er deshalb, was des Beifalls würdig war,
diejenigen Hypothesen aus, die der Vernunft und unseren Beobachtungen am passendsten zu sein schienen und die bedeu-   30
tendsten Meister vor ihm benützt hatten. Aber die Beobachtungen aller Fachleute, der Himmel selbst und das mathematische Verfahren überzeugen uns, daß die allgemeinen Hypothesen und die des Ptolemäus keineswegs ausreichen, um die
ewige und mit sich selbst übereinstimmende Verknüpfung und
Harmonie der Vorgänge am Himmel zu beweisen und in

Tafeln und Regeln zusammenzufassen. Deshalb war es notwendig, daß mein H. Lehrer neue Hypothesen ausdachte
und, natürlich unter ihrer Voraussetzung, daraus geometrisch
und arithmetisch in guter Beweisführung solche Bewegungs-
weisen ableitete, wie sie einst die vom göttlichen Seelenauge
zum Himmel erhobenen Alten und Ptolemäus wahrgenommen
haben, und wie sie — das zeigen gewissenhafte Beobachtungen — heute noch am Himmel vorhanden sind, wenn
man den Spuren der Alten folgt. So werden sicherlich in
10 Zukunft die Studierenden sehen, welchen Nutzen Ptolemäus
und die übrigen alten Autoren bieten, daß sie die bisher
geradezu aus den Schulen Verbannten zurückrufen und entsprechend dem Heimkehrrecht wieder in die alte Ehrenstellung
* einsetzen. Der Dichter sagt: Was man nicht kennt, begehrt
man nicht. Deshalb ist es kein Wunder, daß Ptolemäus bisher
mit dem ganzen Altertum in dunkler Vergessenheit versunken
lag, wie zweifellos auch Du, bester H. Schöner, mit den anderen ebenso guten und gelehrten Männern des öfteren be-
dauert hast.

20 ALLGEMEINE BETRACHTUNG DER BEWEGUNG
DES MONDES IN VERBINDUNG MIT
SEINEN NEUEN HYPOTHESEN

Es scheint, daß die Erforschung der Finsternisse ganz allein
noch bei der unwissenden Menge das Ansehen der Astronomie
erhält; wie sehr aber diese heutzutage von der gewöhnlichen
Berechnung sowohl in der Zeit wie in der Vorherbestimmung
der Ausdehnung abweicht, sehen wir Tag für Tag. Wir dürfen
fürwahr keineswegs, wie wir gewisse Leute tun sehen, die
sehr genauen Beobachtungen des Ptolemäus und anderer bester
30 Autoren bei der Aufstellung astronomischer Tafeln als falsch
und schlecht verwerfen, wenn wir nicht, weil die Zeit den
Irrtum erweist, erkennen, daß sich ein offensichtlicher Fehler
eingeschlichen hat. (Was nämlich ist menschlicher, als sich sogar
unter dem Schein der Richtigkeit dann und wann irreführen
und täuschen zu lassen, insbesondere bei diesen allerschwierig-

sten Dingen, die ins Dunkel gehüllt und keineswegs leicht
zugänglich sind?) Deshalb nimmt mein H. Lehrer bei der Erklärung der Bewegungen des Mondes solche Theorien und
Bewegungsgesetze an, durch die es klar wird, daß die vorzüglichsten alten Philosophen bei ihren Beobachtungen keineswegs blind gewesen sind. Wie wir oben gezeigt haben, daß
die Zu- und Abnahme des vom Frühlingspunkt aus gerechneten Jahres regelmäßig ist, so wird auch durch eine sorgfältige Prüfung der Bewegungen der Sonne und des Mondes
abgeleitet werden können, wie groß in den einzelnen Zeiten 10
die wahren gegenseitigen Abstände der Sonne, des Mondes
und der Erde sind, oder aus welchem Grund die Durchmesser
der Sonne, des Mondes und der Schatten in den verschiedenen Zeiten immer anders gefunden wurden, so daß man
darüber hinaus auch ein zuverlässiges Rechenverfahren für die
Verschiedenheit des Aussehens von Sonne und Mond erhält.

Unser Regiomontan sagt im Buch V Satz 22 seines Abrisses: *
„Aber es ist merkwürdig, daß der in der Erdnähe des Epizykels
befindliche Mond im Viertel nicht so groß erscheint, während
er doch, falls er vollständig leuchten würde, viermal so groß 20
erscheinen müßte als in der Opposition, wenn er im Apogäum des Epizykels ist." Dieselbe Beobachtung machten auch
Timochares und Menelaus, welche bei der Beobachtung der
Sterne immer denselben Monddurchmesser benützen. Aber auch
meinem H. Lehrer zeigte die Erfahrung, daß die Verschiedenheiten des Aussehens und die Größen des Mondkörpers bei
jedem Abstand von der Sonne sich nicht viel oder gar nicht
unterscheiden von denen, die bei der Konjunktion und Opposition vorhanden sind, so daß es klar ist, daß dem Mond
am allerwenigsten ein Exzenter mit den allgemein angenomme- 30
nen Eigenschaften zugesprochen werden kann. Er nimmt
deshalb an:

Die Bahn des Mondes umschließe die Erde mit den um- *
liegenden Elementen, der Mittelpunkt ihres Deferenten sei der
Mittelpunkt der Erde, um den der Träger des Mittelpunktes
des Mondepizykels sich in gleichmäßiger Bewegung drehe. Jene

zweite Ungleichheit aber, welche der Sonnenabstand des Mondes zu haben scheint, rettet er folgendermaßen: Er nimmt an, daß der Mondkörper durch einen Epizykel des Epizykels auf dem mittelpunktsgleichen Kreis bewegt werde, d. h. dem

* ersten Epizykel, der ungefähr bei der Konjunktion und Opposition sichtbar ist, fügt er einen zweiten kleinen Epizykel bei, der den Mondkörper trägt, weist aber nach, daß das Verhältnis des Durchmessers des ersten Epizykels zu dem Durchmesser des zweiten das Verhältnis 1097 : 237 hat. Übrigens

10 ist das Gesetz der Bewegungen so: Der geneigte Kreis behält seine Bewegungsweise wie früher bei, nur seine Gleichmäßigkeit hat er von den Fixsternen aus; der Deferent, der auch der konzentrische Kreis ist, wird regel- und gleichmäßig um seinen Mittelpunkt (nämlich den der Erde) bewegt, indem er ebenso gleich- und regelmäßig von der Linie der mittleren Sonnenbewegung wegschreitet. Auch der erste Epizykel dreht sich um seinen Mittelpunkt gleichförmig, indem er den Mittelpunkt des kleinen und zweiten Epizykels im oberen Teil rückwärts, im unteren vorwärts führt. Er nimmt aber die

20 Gleichheit und Regelmäßigkeit dieser Bewegung vom wahren Apogäum aus, das auf der oberen Hälfte des ersten Epizykels durch die vom Erdmittelpunkt aus durch seinen Mittelpunkt bis zum Umfang gezogene Linie angegeben wird. Der Mond aber wird auf dem Umfang des kleinen und zweiten Epizykels ebenfalls regel- und gleichmäßig bewegt; dabei entfernt er sich vom wahren Apogäum des kleinen Epizykels, das natürlich bestimmt wird durch die Gerade, die vom Mittelpunkt des ersten Epizykels aus durch den Mittelpunkt des zweiten zu seinem Umfang geht. Und folgendes ist das Gesetz dieser Be-

30* wegung: der Mond selbst läuft zweimal in seinem kleinen Epizykel während einer Periode des Hauptkreises um, jedoch so, daß bei jeder Konjunktion und Opposition der Mond im Perigäum des kleinen Epizykels, in den Vierteln aber im Apogäum desselben angetroffen wird. Das ist der Mechanismus oder die Hypothese, durch die der H. Lehrer alle vorgenannten Unzuträglichkeiten ausschließt, und die nach seinen klaren Ausführungen allen Erscheinungen Genüge leistet, wie auch aus seinen Tabellen zu erschließen ist.

Wie Du ferner, hochgelehrter Herr Schöner, uns hier beim Mond vom Ausgleichkreis befreit siehst, und zwar durch Annahme einer solchen Theorie, die der Erfahrung und allen Beobachtungen entspricht, so nimmt er auch bei den übrigen Planeten den Ausgleichkreis weg und teilt jedem der drei oberen nur einen Epizykel und Exzenter zu, so daß jeder um seinen Mittelpunkt gleichmäßig bewegt wird und der Planet im Epizykel gleiche Umdrehungen mit dem Exzenter macht. Der 10 Venus und dem Merkur aber gibt er den Exzenter eines Exzenters. Die Tatsache, daß die Planeten in jedem einzelnen * Jahr unserm Auge rechtläufig, stillstehend, rückläufig, erdnah und erdfern erscheinen, weist er außerdem durch die andere regelmäßige Bewegung der Erdkugel, die er aus den früheren Ausführungen heranzieht, als möglich nach. Diese besteht darin, daß die Sonne den Mittelpunkt des Universums einnimmt, die Erde aber an Stelle der Sonne in einem Exzenter, den er die „große Bahn" zu nennen beliebt, umläuft. Und es ist gewiß etwas Göttliches, daß aus den regelmäßigen und gleichförmigen 20 Bewegungen der einen Erdkugel eine zuverlässige Berechnung der Himmelserscheinungen abhängen muß.

DIE HAUPTSÄCHLICHSTEN GRÜNDE, WARUM MAN DIE HYPOTHESEN DER ALTEN ASTRONOMEN AUFGEBEN MUSS

Zu der Annahme, daß die meisten Erscheinungen am Himmel durch die Beweglichkeit der Erde hervorgerufen oder sicher aufs bequemste gerettet werden können, veranlaßte ihn aber erstens die, wie Du gehört hast, unbezweifelbare Vorrückung der Nachtgleichen und die Änderung der Schiefe der 30 Ekliptik.

Zweitens die Tatsache, daß jene gleiche Abnahme der Exzentrizität der Sonne auf gleiche Weise und im gleichen

Verhältnis bei den Exzentrizitäten der übrigen Planeten wahrgenommen wird.

Drittens der Umstand, daß die Planeten offenbar die Mittelpunkte ihrer Hauptkreise in der Nähe der Sonne als dem Mittelpunkt der Welt haben. Daß aber die ganz Alten diese selbe Tatsache auch bemerkt haben, geht, um inzwischen nicht von den Pythagoräern zu sprechen, deutlich genug aus dem hervor,
* was Plinius im Anschluß an die zweifellos besten Autoren sagt, daß nämlich Venus und Merkur sich deshalb nicht weiter
10 von der Sonne entfernen als bis zu bestimmten und vorgesteckten Grenzen, weil sie um die Sonne geschlungene Bahnen besitzen, weshalb ihnen auch die mittlere Bewegung der Sonne zukommen mußte.

Da er aber behauptet, der Umlauf des Mars könne nicht beobachtet werden, und da von den übrigen Schwierigkeiten bei der Verbesserung der Marsbewegung abgesehen kein Zweifel besteht, daß er es manchmal zu einem größeren Unterschied in seinem Aussehen kommen läßt als die Sonne selbst,
* scheint es unmöglich zu sein, daß die Erde die Mitte des
20 Weltalls einnimmt. Fernerhin könnte zwar gerade diese Erscheinung auch aus dem Verhalten, das Saturn und Jupiter bei ihrem Aufgang am Morgen wie am Abend uns gegenüber zeigen, leicht geschlossen werden, aber doch wird sie hauptsächlich und am deutlichsten durch die Verschiedenheit der Marsaufgänge wahrgenommen. Weil nämlich das Marsgestirn ein ziemlich gedämpftes Licht hat, so täuscht es das Auge nicht so sehr wie Venus oder Jupiter, sondern bemißt die Änderung seiner Größe im Verhältnis seines Abstands von der Erde. Weil also Mars beim Abendaufgang dem Jupiter-
30 gestirn an Größe gleichzukommen scheint, so daß er nur durch sein feuriges Schimmern unterschieden wird, aber bei seinem Aufleuchten und Verblassen kaum von einem Stern zweiter Größe unterschieden werden kann, so folgt, daß er bei seinem Abendaufgang am nächsten an die Erde herantritt, dagegen beim Morgenaufgang am weitesten entfernt ist, was sicherlich bei der Bewegungsweise eines Epizykels keineswegs ein-

treten kann. Offenbar muß also der Erde zur Darstellung der Bewegung des Mars und der anderen Planeten ein anderer Platz zugeschrieben werden.

Zum vierten sah mein H. Lehrer, daß es nur auf diese Weise gut möglich sei, daß sämtliche Umdrehungen der Kreise in der Welt sich gleich- und regelmäßig um ihre eigenen und nicht um fremde Mittelpunkte bewegen, was der Natur der Kreisbewegung als wesentliche Eigenschaft zukommt.

Fünftens müssen die Mathematiker ebenso sehr wie die Ärzte jene Sätze glauben, die Galenus da und dort einschärft: Die *10 Natur schafft nichts sinnlos und unser Schöpfer ist so weise, daß jedes seiner Geschöpfe nicht nur einen einzigen Zweck hat, sondern auch zwei, drei und oft noch mehr. Nun sehen wir aber, daß durch diese einzige Bewegung der Erde geradezu unendlich viele Erscheinungsformen ihre Erklärung finden; warum sollten wir dann Gott, dem Schöpfer der Natur, nicht die Geschicklichkeit zuerkennen, die wir bei den gewöhnlichen Uhrmachern sehen, welche sich geflissentlich hüten, dem Werk ein Rädchen einzufügen, das entweder überflüssig ist, oder . dessen Rolle ein anderes nach einer kleineren Lageänderung 20 geschickter übernehmen könnte. Und was sollte den H. Lehrer als Mathematiker veranlassen, eine geeignete Bewegungsweise der Erdkugel abzulehnen, da er doch sah, daß uns durch Annahme einer solchen Hypothese zur Aufstellung einer zuverlässigen Himmelslehre die achte Kugel als einzige, und diese unbewegt, die Sonne im feststehenden Mittelpunkt des All, bei den Bewegungen der anderen Planeten aber Epizykel auf Exzentern oder Exzenter auf Exzentern oder Epizykel auf Epizykeln genügen?

Dazu kommt: Die Bewegung der Erde in ihrem Kreis liefert 30 die vollständigen Beweise für alle Planeten mit Ausnahme des Mondes; und diese einzige Bewegung scheint der Grund jeder Ungleichmäßigkeit zu sein, die einerseits bei den drei oberen Planeten, selbstverständlich in Sonnenferne, andererseits bei Venus und Merkur in der Umgebung der Sonne sichtbar ist; schließlich bewirkt diese Bewegung auch, daß jeder beliebige

Planet schon mit einer einzigen Breitenabweichung des Planetenhauptkreises zufrieden ist; so erfordern hauptsächlich die Bewegungen der Planeten derartige Hypothesen.

Am meisten hat sechstens und letztens den H. Doctor, meinen Lehrer, die Überlegung bewogen, daß er den Grund aller Unsicherheit in der Astronomie darin sah, daß die Meister dieser Wissenschaft (was ich mit Erlaubnis des göttlichen Ptolemäus, des Vaters der Astronomie, sagen möchte) ihre Theorien und Berechnungen zur Verbesserung der Bewegung der himm-
10 lischen Körper zu wenig streng nach jenem Grundsatz gerichtet haben, welcher einschärft, daß die Anordnung und die Bewegungen der himmlischen Kreisbahnen auf einem ganz ohne Einschränkung geltenden System beruhen müssen. So reichlich wir nämlich jenen gerechtermaßen ihre Ehre geben, so wäre doch wahrlich zu wünschen, daß sie bei der Aufstellung der Harmonie der Bewegungen die Musiker nachgeahmt hätten, die, nachdem eine einzige Saite entweder gespannt oder gelockert ist, die Töne aller übrigen so lange mit größter Aufmerksamkeit und Sorgfalt bilden und einstimmen, bis alle zu-
20 sammen den gewünschten Wohlklang hervorbringen und in keiner eine Spur des Mißklanges beobachtet wird. Wenn dies Albategnius, um einstweilen von ihm zu reden, in seinem Werk befolgt hätte, hätten wir ohne Zweifel auch heute eine zuverlässigere Berechnung aller Bewegungen. Denn wahrscheinlich haben die Alfonsinischen Gelehrten das meiste von ihm entnommen, und infolge der Vernachlässigung dieses einen Grundsatzes wäre dereinst, sofern wir nur den Mut zum Eingeständnis der Wahrheit aufbringen, der Untergang der ganzen Astronomie zu fürchten gewesen. Bei den gewöhnlichen
30 Anfangsbeobachtungen der Astronomie hätte man ja sehen können, daß alle himmlischen Erscheinungen sich nach der mittleren Bewegung der Sonne richten, und daß die ganze Harmonie der himmlischen Bewegungen nach ihrer Richtschnur gebildet und erhalten wird; deshalb ist auch von den Alten die Sonne Chorführerin, Herrscherin in der Natur und Königin genannt worden. Aber wie sie diese Leitung ausführt,

ob sie es tut in der Weise, wie nach der wunderschönen Schilderung des Aristoteles in seiner Schrift „Über die Welt" Gott dieses ganze Weltall lenkt, oder aber ob sie das Amt eines Statthalters Gottes in der Natur durchführt, indem sie oft den ganzen Himmel durchwandert und an keinem Ort zur Ruhe kommt, diese Frage scheint überhaupt noch nicht erläutert und gelöst zu sein. Die Entscheidung darüber, welche von diesen beiden Anschauungen anzunehmen sei, überlasse ich den Geometern und den Philosophen, falls sie einen Hauch der Mathematik verspürt haben; ist ja doch bei der Abschätzung und Beur- 10 teilung derartiger Streitfragen nicht nach gefälligen Mutmaßungen, sondern nach den mathematischen Gesetzen (vor deren Gerichtshof man diesen Streit verhandelt) zu entscheiden. Die erste Art der Weltführung ist verworfen, die letzte angenommen worden. Der H. Doktor, mein Lehrer, hat aber festgestellt, daß die verworfene Regierungsweise der Sonne auf Grund der Natur der Dinge wieder einzuführen ist, jedoch so, daß der wieder aufgenommenen und anerkannten der gehörige Platz zugewiesen wird. Denn er sieht ja, daß weder in den menschlichen Verhältnissen der Kaiser die einzelnen Städte 20 selbst durcheilen muß, um dort endlich einmal sein ihm von Gott verliehenes Amt auszuüben, noch daß das Herz zur Erhaltung des Lebens in den Kopf oder die Füße und andere Körperteile wandert, sondern daß es durch andere von Gott dazu bestimmte Organe seine Aufgabe erfüllt.

Da er fernerhin feststellte, daß die mittlere Bewegung der Sonne nicht nur in der Einbildung bestehen dürfe, wie es freilich bei den übrigen Planeten ist, sondern daß sie ihre Ursache in sich selbst haben müsse, da sie offensichtlich im wahren Sinn des Wortes Chortänzerin und Chorführerin zugleich ist, 30 so kam es, daß er den Nachweis liefern konnte, seine Meinung sei sicher und in voller Übereinstimmung mit der Wahrheit. Denn er fühlte die Möglichkeit, mit seinen Hypothesen die wirkende Ursache der gleichmäßigen Sonnenbewegung auf geometrischem Wege abzuleiten und nachzuweisen, warum diese mittlere Bewegung der Sonne notwendigerweise in allen Be-

wegungen und Erscheinungen der übrigen Planeten in der bestimmten Art und Weise, wie sie bei den einzelnen sichtbar
ist, festgestellt wurde; daher lag unter Voraussetzung der Bewegung der Erde im Exzenter eine verläßliche Himmelslehre
klar vor Augen. Bei ihr waren keine weiteren Änderungen
nötig, nur mußte das ganze System zugleich, wie es der Lage
der Dinge entsprach, von neuem in die nötige Ordnung
gebracht werden. Da wir bei den gewöhnlichen Theorien eine
solche Herrschaft der Sonne in der Natur nicht einmal ver-
10 muten konnten, so übersahen wir die meisten Loblieder der
Alten auf die Sonne, als ob sie dichterische Phantasie wären.
Du siehst also, welche Hypothesen mein H. Lehrer nach diesen
Feststellungen zur Erklärung der Bewegungen annehmen
mußte.

ÜBERGANG ZUR AUFZÄHLUNG DER NEUEN HYPOTHESEN DER GANZEN ASTRONOMIE

Ich unterbreche Deine Gedanken, hochberühmter Herr; denn
beim Anhören der Gründe für die Erneuerung der Hypothesen
der Astronomie, die von meinem H. Lehrer mit vortrefflicher
20 Gelehrsamkeit und höchstem Eifer aufgespürt wurden, denkst
Du, wie ich sehe, im Geiste bei Dir darüber nach, welches
denn eigentlich das wohlgefügte Hypothesensystem der astronomischen Wiedergeburt sein wird; ebenso wie die anderen
echten Mathematiker und alle wackeren Männer bist Du der
* Ansicht, daß jene Menschensorte, welche die Sterne allzumal
nach ihrer Willkür wie am Gängelband im Äther herumzuführen
versucht, eher Mitleid als Haß verdient. Da Du wohl weißt,
welche Bedeutung die Hypothesen oder Theorien bei den
Astronomen haben, und wie sehr der Mathematiker sich vom
30 Physiker unterscheidet, stellst Du, wie ich fühle, auch das fest,
daß man sich der Annahme, auf welche die Beobachtungen
und Zeugnisse des Himmels selbst immer wieder hinweisen,
anschließen und unter Gottes Führung und mit der Mathematik und unermüdlichem Eifer als Genossen jede Schwierig-

keit mit Ausdauer überwinden müsse. Wenn nun einer glaubt,
über das höchste und vornehmste Ziel der Astronomie nach-
denken zu müssen, dann wird er mit uns dem H. Doktor,
meinem Lehrer, Dank wissen und bedenken, daß auch für
ihn jenes Wort des Aristoteles gelte, „daß man den Entdeckern *
dankbar sein müsse, wenn einer auf die genaueren Naturgesetze
stoße“. Auch bestärkt uns Aristoteles durch des Kalippus und *
sein eigenes Beispiel in der Überzeugung, daß die Wiederherstellung der Astronomie einzurichten sei nach den Ursachen
der Erscheinungen, die man bestimmen muß, je nachdem sich 10
die verschiedenen Bewegungen der Himmelskörper dargeboten
haben. Deshalb möchte ich hoffen, daß auch Averroes, der *
nicht gerade milde Aristarch des Ptolemäus, die Hypothesen *
des H. Lehrers nicht allzu streng aufnehmen würde, wenn
anders er die Naturlehre gerecht beurteilen möchte. Nach meiner
Meinung wäre Ptolemäus, wenn ihm die Rückkehr ins Leben
gegeben würde, gerade auf seine eigenen Theorien so wenig
versessen und verschworen, daß er zum Aufbau einer wahren
Himmelslehre, sobald er den königlichen Weg durch die
Trümmer so vieler Jahrhunderte behindert und ungangbar 20
gemacht fände, nicht auch noch einen anderen Weg über
Länder und Meere suchen würde, da man ja über die Lüfte
und den freien Himmel weniger gut zum gewünschten Ziele
aufsteigen kann.

Was anderes soll ich denn über ihn feststellen, von dem
die folgenden Worte stammen: „Auch die unbewiesenen *
Voraussetzungen können, wenn sie sich einmal mit der Er-
scheinungswelt in Übereinstimmung befinden, nicht ohne
irgendeine Methode und Überlegung gefunden worden sein,
auch wenn die Art und Weise ihrer Auffindung schwer heraus- 30
zubringen ist. Da ja überhaupt die Ursache der ersten Anfänge
von Natur aus entweder gar nicht vorhanden oder nur schwer
zu erklären ist.“ Wie ehrfürchtig aber und wie klug Aristoteles über die Lehre von den himmlischen Bewegungen spricht,
ist überall in seinen Büchern zu lesen. Auch sagt er anderswo:
„Denn es ist die Aufgabe des Gebildeten, auf jedem Gebiet *

bis zu dem Grad der Genauigkeit zu forschen, welchen die
Natur des Gegenstandes zuläßt". Da man aber sowohl in der
Naturkunde wie in der Astronomie meistens von den Wir-
kungen und Beobachtungen zu den Grundgesetzen fortschreitet, so glaube ich sicher, daß Aristoteles, wenn er die
Gründe für die neuen Hypothesen gehört hätte, so wie er
die Abhandlungen über das Schwere, das Leichte, die Kreisbewegung, über Bewegung und Ruhe der Erde mit größter
Gewissenhaftigkeit ausgearbeitet hat, auch ganz zweifellos
10 offen bekennen würde, was von ihm auf dem vorliegenden
Gebiet bewiesen worden ist, und was er als Grundsatz ohne
Beweis angenommen hat. Deshalb möchte ich glauben, daß
er auch meinem H. Lehrer zustimmen würde, da ja nach den
Berichten feststeht, daß von Plato mit vollem Recht gesagt
wurde, Aristoteles sei der Philosoph der Wahrheit. Wenn er
dagegen in sehr harte Worte ausbrechen würde, so könnte
ich nicht anders glauben, als daß er den Zustand dieses schönsten Teils der Philosophie mit folgenden Worten laut beklagen
* würde: „Ganz treffend wird von Plato behauptet, daß die Geo-
20 metrie und die von ihr abhängigen Wissenschaften zwar über
das Seiende träumen, daß sie aber darüber hinaus nichts erkennen können, solange sie Hypothesen benützen, die sie
unverändert lassen, obwohl sie einen Grund für sie nicht angeben können", und hinzufügen würde: „Man muß den unsterblichen Göttern dafür sehr dankbar sein, daß man den aus-
reichenden Grund der Erscheinungen kennt". Da nun aber
* diese Dinge nicht so sehr hierher als zu einer ganz anderen
Untersuchung gehören, will ich fortfahren, die Hypothesen
des H. Doktors, meines Lehrers, welche noch weiterhin aus-
30 stehen, frei und der Reihe nach darzulegen, damit auch auf
das oben Gesagte einiges Licht fällt.

DIE EINTEILUNG DES WELTALLS

* Aristoteles sagt: „Am wahrsten ist das, was die Begründung
für spätere Wahrheiten ist." So ist es, wenn mein H. Lehrer

sich vornahm, er müsse solche Hypothesen annehmen, welche die Gründe in sich enthielten, daß die Wahrheit der Beobachtungen der früheren Jahrhunderte bestätigt würde, und die, wie zu hoffen, die Ursachen wären, daß für die Zukunft alle astronomischen Vorhersagungen über die Erscheinungen sich als wahr erweisen. Zuerst stellte er nach Überwindung nicht geringer Schwierigkeiten durch eine Hypothese fest: Die Fixsternsphäre, die wir gewöhnlich die achte nennen, ist von Gott deswegen geschaffen, daß sie jener Raum ist, der in seiner Wölbung die ganze Schöpfung umfaßt; er hat sie daher als 10 den Ort des All fest und unbeweglich gegründet. Und da nun eine Bewegung nur durch Vergleich mit irgendeinem festen Ding wahrgenommen wird, wie die Seefahrer, „für die keine *
Länder mehr, nur Himmel ringsum und ringsum Meer sichtbar sind", im windstillen Ozean keine Bewegung des Schiffes merken, obwohl sie mit so großer Geschwindigkeit fahren, daß sie in einer Stunde sogar einige große Meilen durchmessen: so hat Gott, um unseretwillen freilich, dieses Rund mit so vielen strahlenden Kügelchen ausgeschmückt, daß wir an ihnen, die ohne Zweifel an ihrem Platz festhaften, die Stellungen und 20 Bewegungen anderer eingeschlossener Planetenbahnen wahrnehmen.

Ferner hat Gott, was gewiß hiermit übereinstimmt, in die Mitte dieses Schauplatzes die Sonne, die in göttlicher Majestät erstrahlt, gestellt als seinen Statthalter in der Natur und Herrscher des Weltalls, daß

„Schreiten nach ihrem Takt die Götter beim Tanz, und das *
                   All sich
Beug dem Gesetz, das sie gibt, und lauf die gebotenen 30
                   Bahnen".   *

Die übrigen Kreisbahnen sind in folgender Weise verteilt: Den ersten Platz unter dem Firmament oder Sternhimmel hat die Bahn des Saturn erhalten, unter ihr hat die des Jupiter, dann die des Mars ihren Platz, die Sonne wird aber durch die Kreisbahn des Merkur und die der Venus umgeben, so daß die

Mittelpunkte der fünf Planetenbahnen sich in der Umgebung der Sonne befinden. Aber da zwischen dem konkaven Umfang der Mars- und dem konvexen der Venusbahn ein hinreichend weiter Raum übrig ist, wird die Erdkugel mit den zugehörigen Elementen, umgeben von der Bahn des Mondes, von einer sehr großen Bahn, die in sich die Bahnen des Merkur und der Venus und ebenso die Sonne einschließt, herumgeführt, so daß sie nicht anders als einer von den Sternen
* inmitten der Planeten ihre eigene Bewegung ausführt.
10   Wenn ich diese Verteilung des ganzen Universums nach dem Sinn meines Lehrers etwas gründlich überdenke, erkenne ich, daß Plinius zugleich klar und richtig gedacht hat, wenn er
* sagt: „Die Dinge außer der Welt oder dem Himmel, durch dessen Wölbung die ganze Schöpfung überspannt wird, zu untersuchen, ist für den Menschen weder wichtig, noch kann der menschliche Geist etwas über sie vermuten", und er fügt an: „Heilig ist sie, unermeßlich, ganz im Ganzen, ja fürwahr selbst das Ganze, endlich und dem Unendlichen ähnlich usw.".
Denn wenn wir uns an meinen Herrn Lehrer anschließen, wird
20 es außerhalb der Höhlung des Sternenhimmels nichts geben, was wir erforschen können, außer was die Hl. Schriften uns über diese Dinge wissen lassen wollten; dann wird auch der Weg verschlossen sein, außerhalb dieser Höhlung irgendwelche Feststellungen zu treffen. Deshalb werden wir als hochheilig mit Dank gegen Gott bewundern und betrachten diese ganze übrige von Gott in den Sternenhimmel eingeschlossene Natur, zu deren Erforschung und Erkenntnis er uns mit vielen Untersuchungsmethoden, unzähligen Werkzeugen und Gaben überhäuft und befähigt hat, und wir werden gewiß so weit fort-
30 schreiten, wie er selbst gewollt hat, und nicht versuchen, die von ihm gesetzten Grenzen zu überschreiten.
Daß außerdem die Welt, auch was ihren hohlen Innenraum betrifft, unermeßlich und dem wahrhaft Unendlichen ähnlich ist, ist ja schon deshalb unzweifelhaft, weil alle Sterne flimmern mit Ausnahme der Planeten, auch des Saturn, der sich im größten Kreis bewegt, weil er ihrer Himmelswölbung am

nächsten ist. Aber diese gleiche Tatsache geht noch viel klarer durch Beweise aus den Annahmen meines Herrn Lehrers hervor. Die „große Bahn", welche die Erde trägt, hat nämlich zu den Kreisen der fünf Planeten ein wahrnehmbares Verhältnis, von dem nämlich jede Ungleichmäßigkeit der Erscheinungen bei diesen Planeten herrührt, wie man mit Hilfe ihrer Stellungen zur Sonne beweist; ferner teilt jeder Horizont auf der Erde wie ein Großkreis des Universums die Himmelskugel in gleiche Teile; auch wird bewiesen, daß die Bahnen ihrer Bewegungen gegen die Fixsterne Gleichmäßigkeit be- 10 sitzen: aus diesen Gründen ist es klar genug, daß der Fixsternhimmel dem Unendlichen am allermeisten gleicht, weil ja die „große Bahn" im Vergleich mit ihm verschwindet und alle Erscheinungen nicht anders wahrgenommen werden, als habe die Erde ihren Sitz inmitten des Weltalls aufgeschlagen. *

Ferner möchte ich zwar behaupten, daß die bewundernswerte und sowohl Gottes, des Baumeisters, wie dieser göttlichen Körper ganz würdige Symmetrie und Verflechtung der Bewegungen und Bahnen, die durch die Annahme der vorgenannten Hypothesen aufrechterhalten wird, rascher im Geiste 20 (wegen der Verwandtschaft, die er mit dem Himmel hat) begriffen, als durch irgendeine menschliche Sprache geschildert werden kann; so prägen sie sich gewöhnlich bei den Beweisführungen unserem Geist nicht so sehr durch Worte, als durch die — um mich so auszudrücken — vollkommenen und reinen Vorstellungen dieser lieblichsten Erscheinungen ein; aber trotzdem ist auch bei einer allgemeinen Betrachtung der Hypothesen zu sehen, auf welche Weise sich die in der Tat unaussprechliche Übereinstimmung und Harmonie aller zeigt. Denn abgesehen davon, daß bei den gewöhnlichen Hypothesen kein 30 Ende der zu ersinnenden Kugeln zu sehen war, drehten sich die Bahnen, deren Unermeßlichkeit durch keinen Sinn und Verstand erfaßt werden konnte, in sehr langsamen und sehr schnellen Bewegungen herum, und andere stellten die Behauptung auf, daß alle unteren Sphären von der oberen beweglichen bei der täglichen Bewegung mitgerissen werden; trotzdem konnte man durch die größte Menge von Streitgesprächen, die immer wieder über diese Frage angeregt wurden, noch nicht bestimmen, in welcher Weise eine obere Kugel Einfluß auf eine untere ausübe; andere wie Eudoxus und seine Anhänger sprachen jedem einzelnen Stern eine eigene Bahn zu, durch deren Drehung er sich in einem natürlichen Tag einmal um die Erde bewegen sollte. Überdies, ihr unsterblichen Götter, welcher Waffenlärm, welch großer Streit war bis jetzt über die Lage der Bahnen der Venus und des Merkur und ihre Stellung zur Sonne! Wahrlich heute noch ist der Streit unentschieden, und wen gibt es fürderhin, der nicht sähe, daß es ziemlich schwer und geradezu unmöglich ist, diesen Streit jemals unter Aufrechterhaltung dieser gewöhnlichen Hypothesen zu schlichten. Was würde nämlich entgegenstehen, wenn jemand, jedoch unter Beibehaltung des gegenseitigen Verhältnisses der Bahnen und Epizykel, den Saturn sogar unter die Sonne stellen würde, da in eben diesen Hypothesen die gemeinsame gegenseitige Ausmessung der Planetenbahnen noch nicht so nachgewiesen ist, daß durch sie jede beliebige Bahn an ihrem Ort geometrisch abgegrenzt würde. Laßt mich immerhin hier mit Schweigen übergehen, welche Tragödien die Schmäher dieses schönsten und lieblichsten Teils der Philosophie aufgeführt haben wegen der Größe des Epizykels der Venus und wegen der Behauptung, daß die Bewegungen der himmlischen Bahnen um die eigenen Mittelpunkte durch die Annahme von Ausgleichkreisen als ungleichmäßig angesehen wurden.

In den Hypothesen meines II. Lehrers ist aber, wie gesagt, der Kreis der Fixsterne als die Grenze festgelegt, und jede beliebige Planetenbahn schreitet in der ihr von der Natur erteilten Bewegung gleichförmig einher, vollendet ihren Umlauf und leidet keinerlei Zwang von einer oberen Bahn, so daß sie nach verkehrter Seite gerissen würde. Nimm dazu, daß die größeren Bahnen ihre Umläufe langsamer, die der Sonne, von der, wie man sagen könnte, die Bewegung und das Licht ihren Anfang nehmen, näheren aber, wie es sich gehörte, ihre Umgänge

schneller vollenden. Daher legt Saturn in voller Freiheit seinen
Weg unter der Ekliptik zurück und vollendet einen Umlauf
in 30 Jahren, Jupiter in 12, Mars in zwei, der Mittelpunkt
der Erde aber bestimmt die Dauer des Sternjahres. Die Venus
durchläuft den Tierkreis in 9 Monaten, Merkur, der auf *
dem kleinsten Kreis die Sonne umgibt, durchwandelt die
Welt in 80 Tagen. Und es sind so nur 6 Kreise, welche
die Sonne, den Mittelpunkt des Weltalls, umgeben; von
ihnen ist die „große Bahn", welche die Erde trägt, das
gemeinsame Maß; ebenso ist der Halbmesser der Erdkugel 10
das der Mondbahnen und auch das des Abstandes der Sonne
vom Mond usw.

Und wahrlich wer hätte eine zweite geschicktere und wür-
digere Zahl als die Sechs wählen können oder eine, mit der
man leichter die Sterblichen überzeugen könnte, daß dieses
ganze Weltall von Gott, dem Gründer und Schöpfer der Welt,
in seine Kreisbahnen eingeteilt worden ist? Denn diese Zahl
wird sowohl in den heiligen Weissagungen Gottes wie von
den Pythagoräern und den übrigen Philosophen am allermeisten
gerühmt. Was ziemt sich aber für diesen Gottschöpfer mehr, 20
als daß dieses sein vornehmstes und vollkommenstes Werk
in die vornehmste und zugleich vollkommenste Zahl eingeschlossen wird! Dazu kommt, daß auf diese Weise von
den vorgenannten sechs beweglichen Kreisbahnen die himm-
lische Harmonie bewirkt wird, bei der alle Bahnen sich in
der Art folgen, daß von der einen zur anderen kein uner-
meßlicher Zwischenraum bleibt und jede, durch Geometrie abgegrenzt, ihren Platz derart wahrt, daß man mit dem Versuch,
irgendeine von ihrer Stelle zu bewegen, zugleich das ganze
System zerrüttet. Nach diesen allgemeinen Kostproben laßt 30
uns nun zur Aufzählung der Kreisbewegungen schreiten, die
zu den einzelnen Bahnen und den anhängenden und darauf-
liegenden Körpern gehören. Zuerst aber werden wir über die
Hypothesen der Bewegungen der Erdkugel, auf der wir seßhaft
sind, sprechen.

WELCHE BEWEGUNGEN DER GROSSEN BAHN UND DEN KÖRPERN AUF IHR ZUSTEHEN. DIE DREI BEWEGUNGEN DER ERDE: DIE TÄGLICHE, DIE JÄHRLICHE UND DIE DER DEKLINATION

Da mein H. Lehrer im Anschluß an Plato und die Pythagoräer, die vorzüglichsten Mathematiker jener göttlichen Epoche, der Meinung war, daß zur Bestimmung der Ursachen der Erscheinungen dem kugelförmigen Erdkörper Kreisbewegungen zugeschrieben werden müssen, und da er sah (wie
10 z. B. auch Aristoteles bezeugt), daß der Erde, wenn ihr eine Bewegung zugesprochen wird, nach dem Beispiel der Sterne auch andere Kreisbewegungen zustehen, so entschied er sich für die Annahme, sie bewege sich an erster Stelle in drei Bewegungsformen, die ganz besonders hervorstechend sind. Denn nachdem er die allgemeine Verteilung der Welt, wie sie eben dargelegt worden ist, angenommen hatte, hat er festgestellt, daß erstens die mit ihren Polen durch die Bahn des Mondes eingeschlossene Erde, da Gottes Wille es so fügte, wie ein Kügelchen am Dreheisen durch westöstliche Drehung ihrer
20 eigenen Kugel, je nachdem sie sich der Sonne zuwendet, den Sterblichen Tag und Nacht und eine Seite des Himmels nach der anderen vorführt, daß zweitens der Mittelpunkt der Erde mit dem, was mit ihr verbunden ist, nämlich den Elementen und der Bahn des Mondes, von der „großen Bahn", an die wir uns nun immer wieder erinnern, gleichmäßig in der Ebene der Ekliptik in der Reihenfolge der Zeichen herumgeführt wird, daß drittens der Äquator und die Achse der Erde eine drehbare Neigung zur Ekliptikebene haben und in der Gegenrichtung zur Bewegung des Mittelpunktes zurückgedreht
30 werden, so daß, wo sich auch der Mittelpunkt der Erde befinden mag, der Äquator und die Pole der Erde wegen dieses Verhaltens der Neigung der Erdachse und wegen der Unermeßlichkeit des Fixsternhimmels immer fast nach denselben Punkten der Welt schauen. Das wird geschehen, wenn man sich denkt, daß die Enden der Erdachse, das sind die Pole

der Erde, an jedem Tag ungefähr um ebensoviel, als der Erdmittelpunkt von der „großen Bahn" vorwärts geführt wird,
rückwärts schreiten, indem sie um Achse und Pole Kleinkreise beschreiben, die von der Achse und den Polen der
„großen Bahn" oder der Ekliptik gleiche Abstände haben.
Sobald wir nun zu diesen Bewegungen der Ansicht meines
H. Lehrers entsprechend zwei Schwingungen der Erdpole,
ebenso zwei Bewegungen, durch die der Mittelpunkt der *
„großen Bahn" in einer gleichmäßigen und einer hin und her
gehenden Bewegung in der Ekliptik dahin schreitet, hinzu- 10
nehmen, bekommen wir, hochgelehrter H. Schöner, in Verbindung mit dem oben über die Bewegung des Mondes um
den Erdmittelpunkt Gesagten die richtige Art der Hypothesen
zur Ableitung der ganzen Lehre, welche die Neueren die der
ersten Bewegung nennen, und die wir über alle Arten der Bewegungen der Fixsternkugel haben; dies genügt auch zur Bestimmung der Ursachen aller Bewegungen und Vorgänge bei
Sonne und Mond, die sich in den verflossenen zweitausend
Jahren nach den Ergebnissen der genauen Beobachtungen der
Fachleute zugetragen haben; dabei wollen wir meinetwegen 20
mit Stillschweigen übergehen, was später eingehend zu besprechen ist, daß nämlich die Bewegung der „großen Bahn"
selbstverständlich bei den übrigen fünf Planeten sichtbare Wir-
kungen hervorruft. In so wenigen und geradezu in einer einzigen Kreisbahn wird die so umfangreiche Lehre über die Erscheinungen zusammengefaßt.

Bei der Lehre von der ersten Bewegung gibt es nichts zu
ändern. Denn auf dieselbe Art und Weise, welche die Eigen-
tümlichkeit aller Erscheinungen ist, die durch die größte Deklination miteinander in Zusammenhang stehen, wird man auch 30
die Deklinationen der übrigen Teile der Ekliptik, die Rektaszensionen, die Berechnung der Schatten und der Sonnenuhren
auf dem ganzen Erdkreis, die Länge der Tage, die schiefen
Aufsteigungen, die Auf- und Untergänge der Sterne usw. zu
erforschen suchen. Jedoch besteht zwischen diesen und den
alten Hypothesen der Unterschied, daß bei ihnen im Gegen-

satz zu den Forderungen der Alten auf dem Fixsternhimmel außer der Ekliptik kein Kreis eigens in Gedanken beschrieben wird. Die übrigen aber, als da sind: der Äquator, die zwei Wendekreise, der nördliche und südliche Polarkreis, die Horizonte, Meridiane und alle anderen Kreise, die zur Lehre von der ersten Bewegung gehören: die Vertikal-, Höhen- und Parallelkreise, die Koluren usw. werden ausschließlich auf der Erdkugel gezeichnet und mit Hilfe einer Art Projektion auf den Himmel übertragen.

10 Aber außer der Erscheinung des täglichen Umschwungs um die Erde, welche die Sonne mit allen Sternen und den übrigen Planeten gemein hat, kommen dazu von den Bewegungen, die bei der Sonne beobachtet werden, und die Ptolemäus und die Neueren zu den Eigenbewegungen der Sonne gerechnet haben, noch diejenigen Bewegungen und Erscheinungen, die nach unseren Feststellungen bei den Änderungen der Wende- und Nachtgleichepunkte, bei den Entfernungen der Fixsterne von diesen und bei den Änderungen des Apogäums gegen die Fixsterne auftreten. Alle diese stellen sich unseren Augen 20 nicht anders dar, als wenn die Sonne und der Sternhimmel bewegt würden. Auf welche Weise nämlich der allgemeine Glaube entsteht, daß sie im Osten auftauchen oder aufgehen und sich langsam über den Horizont erheben, bis sie den Meridian erreichen, von ihm in der gleichen Weise absteigen, dann die untere Halbkugel durchwandern und ihren täglichen Umschwung vollenden, hat seine hinreichend klaren Ursachen in der ersten Bewegung, welche der H. Lehrer nach Plato der Erde zuspricht.

Daß aber die Sonne uns entlang der Reihe der Tierzeichen 30 fortzuschreiten scheint und wir uns davon überzeugen, daß sie durch diese Bewegung die Ekliptik durchläuft und die Dauer des Jahres bestimmt, kann leicht durch die zweite Bewegung geschehen, die der H. Lehrer der Erde zuschreibt. Wenn nämlich die Erde von der „großen Bahn" geführt wird und zwischen den Sternen der Waage und der Sonne verweilt, werden wir, die ja die Erde für ruhend halten, meinen, daß

die Sonne ihren Platz im Sternbild des Widders habe, da ja
die vom Mittelpunkt der Erde durch die Sonne verlängerte
Gerade in das Gestirn des Widders trifft. Wenn dann die Erde
zum Skorpion vorrückt, wird die Sonne scheinbar dem Stier
zustreben und auf solche Weise den Tierkreis durchwandern,
während wir, obwohl sie ruht, feststellen, daß diese Bewegung ihr zukomme. Und das siderische Jahr wird die Zeit
sein, in welcher der Mittelpunkt der Erde oder scheinbar der
der Sonne seinen Umlauf von demselben Stern zum gleichen
einmal vollendet.   10

Die dritte Bewegung der Erde ruft bestimmte und auf dem
ganzen Erdkreis der Reihe nach auftretende Wechsel der
Jahreszeiten hervor; durch diese wird nämlich bewirkt, daß
die Sonne und die übrigen Planeten in einem zum Äquator
schiefen Kreis bewegt erscheinen, daß das Verhalten der Sonne
zu den einzelnen Erdzonen das gleiche wird, wie es wäre,
wenn die Erde nach den Hypothesen den Mittelpunkt des
Weltalls einnähme und sich die Planeten in einem schiefen
Kreis bewegten. Da nämlich die Ebene des Äquators, wie
gesagt, wegen der beschriebenen Bewegung seiner Pole auf   20
den Seiten der Ekliptikebene im Vergleich zur Sonne von der
Ekliptikebene rückwärts gedreht wird und geneigt ist, oder
wie die Griechen sagen, schräg steht und hinneigt, so wieder-
holt sich an ungefähr demselben Ort der Ekliptik dieselbe
Deklination des Äquators von der Ekliptik, und die Pole der
täglichen Drehung weilen immer sozusagen unter demselben
Ort der Fixsternkugel. Ferner schneidet bei den größten Deklinationen des Äquators von der Ekliptikebene die Linie zur
Sonne, welche vom Mittelpunkt der Sonne aus zum Mittelpunkt der Erde führt, die durch die tägliche Umwälzung ge-   30
drehte Erdkugel in einer Kegelfläche und beschreibt die Wendekreise. Wenn außerdem die Äquatorebene von der Ekliptikebene am meisten zur Sonne hin zurückgedreht wird, tritt
auf der ganzen Erde Tag- und Nachtgleiche ein, da ja die
Erdkugel von der genannten Linie im Äquator in zwei Halb-
kugeln geteilt wird. Aber die übrigen Parallelkreise der Tage

werden auf die Erde eingezeichnet, je nachdem Reflexion und
Deklination (oder, um die Worte des Ptolemäus zu gebrauchen,
das Schräg- und Schiefstehen) des Äquators gegen die Sonne
sich mischen; die nördlichen und südlichen Grenzlinien werden
aber von den Berührpunkten beschrieben; aber die Pole der
Ekliptik zeichnen meinem H. Lehrer die parallelen Polarkreise
um die Äquatorpole ab. Der Großkreis der Erdkugel aber,
der durch die Pole des Äquators und durch die genannten
gleichentfernten Pole der Ekliptik geht, wird der Kolur der
10 Wendepunkte, und der andere, der diesen im Äquatorpol unter
sphärischen rechten Winkeln schneidet, wird das Amt des
Kolurs der Nachtgleichen übernehmen. Und auf solche Weise
sieht man ein, daß die jedem beliebigen Punkt zugehörigen
Kreise oder auch beliebige andere der Erde aufgezeichnet und
von da auf den darüber gespannten Himmel übertragen werden.

Weil es die Beobachtungen erfordern, ist nunmehr die Erdkugel in den Umfang eines Exzenters entflogen, die Sonne
aber hat sich im Mittelpunkt der Welt festgesetzt. Wie nun
in den gewöhnlichen Hypothesen der Mittelpunkt des Exzenters
20 heutzutage zwischen dem Mittelpunkt des ganzen Weltalls (der
bei denselben mit dem der Erde zusammenfällt) und den Sternen
der Zwillinge anzunehmen war, so soll im Gegensatz dazu
in den Hypothesen meines H. Lehrers der Mittelpunkt der
„großen Bahn“, den wir zu Beginn unseres Berichts als Exzentermittelpunkt erkannt haben, zwischen der Sonne, der
Weltmitte unseres H. Lehrers, und den Sternen des Schützen
gefunden werden, und der Durchmesser der „großen Bahn“,
der durch den Mittelpunkt der Erde geht, möge die Linie
der mittleren Bewegung der Sonne darstellen. Die vom Mittel-
30 punkt der Erde durch den Mittelpunkt der Sonne bis zur Ekliptik gezogene Linie gibt den wahren Ort der Sonne an; deshalb
muß die Bewegung der Sonne in der Ekliptik seit der Lehre
des Ptolemäus und der Jüngeren für ungleichmäßig gelten und
der Winkel des Unterschieds von der mittleren Bewegung geometrisch gefunden werden, die Sonne aber muß von der in
der oberen Apside der „großen Bahn“ stehenden Erde aus

im Apogäum des Exzenters angenommen und umgekehrt, wenn jene in den unteren Apsiden verweilt, selber im Perigäum erblickt werden.

Natürlich hat der H. Lehrer aber auch abgeleitet, in welcher Weise scheinbar die Fixsterne sich von den Nachtgleiche- und Wendepunkten entfernen und die größte Schiefe der Sonne sich ändert (was ich am Anfang des Berichtes aus dem III. Buch meines H. Lehrers entnommen habe), und wie sie von der Bewegung der Deklination, die ich im allgemeinen geschildert habe, und von den beiden zusammenwirkenden Schwingungen abhängen. Von den Polen, d. h. den, wie kurz zuvor gesagt wurde, gleich weit entfernten Polen der Ekliptik, sollen beiderseits 23 Grad 40 Minuten des Großkreises abgezählt und dort zwei Punkte gezeichnet werden; diese sollen dann die Pole des mittleren Äquators angeben, und dann sollen, wie es sich gehört, die beiden Koluren, welche die mittleren Wende- und Nachtgleichepunkte unterscheiden, gezeichnet werden. Um dies zu verstehen, stelle man es sich vor und zeichne es auf ein Scheibchen, das die Kugel der Erde festhält und durch dessen gleichförmige Bewegung die dritte Bewegung entsteht, die ja der Erde zugesprochen wird. Wenn der Mittelpunkt der Erde aber zwischen der Sonne und den Sternen der Jungfrau verweilt, werde der mittlere Äquator zur Sonne hin zurückgedreht oder schiefgerichtet und die Linie des wahren Sonnenorts gehe durch den gemeinsamen Schnittpunkt der Ekliptikebene, des Äquators und des Kolurs, welcher die mittleren Nachtgleichepunkte kennzeichnet, und zwar so, daß der mittlere Frühlingspunkt auch der wahre Frühlingspunkt ist, sobald die Art der Bewegung dies so verlangt, wie sich aus dem Folgenden klar ergibt. Während der Mittelpunkt der Erde von diesem Punkt aus in Beziehung auf die Fixsterne in gleichmäßiger Bewegung an jedem Tag 59 Minuten 8 Sekunden 2 Terzen vorrückt, möge der mittlere Frühlingspunkt ebensoviel um den Erdmittelpunkt rückwärts durchlaufen und in einer ein wenig rascheren Bewegung einherschreitend einen um ungefähr 8 Terzen größeren Winkel beschreiben; und das ist der Grund,

weshalb wir kurz zuvor gesagt haben, die gleichmäßige Bewegung der Deklination sei ungefähr der gleichmäßigen Bewegung des Erdmittelpunkts gegen die Fixsterne gleich. Hernach wachse der Winkel, der vom mittleren Frühlingspunkt um den Erdmittelpunkt (entsprechend der schon angenommenen Regel) beschrieben wird; bevor nun der Erdmittelpunkt zu dem Punkt der Ekliptik, von dem er ausgegangen ist, wieder zurückkehrt, wird schließlich die Linie des wahren Sonnenorts in den mittleren Nachtgleichepunkt fallen, und es wird
10 uns scheinen, daß die Sterne in irgendeiner mittleren oder gleichmäßigen Geschwindigkeit um den Betrag des Vorsprungs rechtläufig fortschreiten; diese Vorrückung beträgt, wie ich im Anfang gesagt habe, in einem ägyptischen Jahr ungefähr 50 Sekunden und wächst in 25816 ägyptischen Jahren zu einem vollen Umlauf an. Es ist also klar, was eine mittlere Nachtgleiche, was eine gleichmäßige Präzession ist, und wie diese Erscheinungen mit den Augen wie mit Hilfe eines Apparates beobachtet werden können.

ÜBER DIE SCHWINGUNGEN

20* Es sei AB eine begrenzte gerade Linie, z. B. von 24 Minuten; diese soll in dem Punkt D in zwei gleiche Teile geteilt, dann der eine Zirkelfuß auf D gesetzt und der Kreis CE mit der Zirkelöffnung DC gegen A hin im Betrag von 6 Minuten (nämlich dem vierten Teil) beschrieben werden. Und in der gleichen Größe mache man aus einem von diesem verschiedenen Stoff zwei Kleinkreise (es möge einstweilen dieser Ausdruck gestattet sein) und stelle sie so zusammen, daß der eine auf dem Umfang des anderen derart angebracht wird, daß er sich frei um seinen Mittelpunkt bewegen kann. Der,
30 welcher den andern auf seinem Umfang trägt, heiße der erste und werde im Mittelpunkt D der Linie AB befestigt, an den Mittelpunkt des zweiten Kleinkreises werde der Buchstabe F und an einen beliebig angenommenen Punkt des Umfangs desselben der Buchstabe H gezeichnet. Wenn man nun den

Punkt *H* des zweiten Kleinkreises auf den Endpunkt *A* der angenommenen Linie bringt, fällt auch *F* auf den Buchstaben *C* derselben Linie, und zu gleicher Zeit beschreibt *H* um den Mittelpunkt *F* den doppelten Winkel nach der einen Richtung, wie *F* um *D* nach der Gegenrichtung: daraus ersieht man deutlich, daß im Verlauf einer Umdrehung des ersten Kleinkreises der Buchstabe *H* beim Durchzeichnen zweimal die Linie *AB* durchlaufen und der zweite Kleinkreis sich zweimal umgedreht hat. Da aber der Punkt *H* bei einer solchen durch zwei zusammengesetzte Kreisbewegungen bewirkten Zeichnung 10 einer geraden Linie in der Umgebung der Endpunkte *A* und *B* sehr langsam, aber in der Mitte, in der Umgebung von *D*, ziemlich schnell weiterrückt, wollte mein H. Lehrer eine solche Bewegung des Punktes *H* durch die Gerade *AB* eine Schwingung nennen, weil eine solche Bewegung ähnlich verläuft wie die von Gegenständen, die in der Luft hängen. Diese Bewegung heißt auch Bewegung im Durchmesser, denn in einem in Gedanken angenommenen Kreis mit dem Durchmesser *AB* und dem Mittelpunkt *D* wird aus der Lehre von den Sehnen berechnet, an welchem Ort eben dieses Durch- 20 messers *AB* der Punkt *H* sich infolge der, wie ich sie nannte, zusammengesetzten Kreisbewegung befindet, und die Tafel der Prosthapheresen aufgestellt. Die Bewegung des ersten Kleinkreises um *D* nennt der Lehrer Anomalie; denn durch diese Bewegung wird die Prosthapherese gefunden. So möge der Mittelpunkt *F* des zweiten Kleinkreises, indem er auf dem Umfang des ersten vom Punkt *C* nach links fortrückt, den Winkel CDF, der 30 Grad betragen soll, beschreiben, und die vom Mittelpunkt *D* bis zum Umfang des Kreises *AB* verlängerte Linie *DFG* wird den Bogen *AG* von ebensoviel Gra- 30 den wie der Bogen *CF* des ersten Kleinkreises einschließen; und da der Punkt *H* des zweiten Kleinkreises von *G* aus nach rechts im doppelten Verhältnis voranschritt, so ist klar, daß die von *G* zum Punkt *H* gezogene Gerade zugleich die Halbsehne des doppelten Bogens *AG* ist und *HD* die Halbsehne des doppelten Bogens, der als Rest bleibt, wenn man vom Viertelskreis den Bogen *AG* abzieht. Daher beträgt auch *AH* 1340 der Teile, von denen der Halbmesser 10000 hat; so weit ist ja *H* auf dem Durchmesser *AB* von *A* entfernt. Wenn daher *AB* gleich 60 Einheiten angenommen wird, so wird *AH* 4 und *HB* 56 solche haben; wenn man daraus den proportionalen Anteil zu 24 nimmt, wird man wissen, in welchem Teilpunkt der angenommenen begrenzten geraden Linie der Punkt *H* sich in diesem Fall befindet.

* Nachdem dies, freilich mit viel Überlegung, erfaßt ist, wird
10 leicht einzusehen sein, inwiefern sowohl die größte Schiefe des Äquators gegen die Ebene der Ekliptik sich ändert, als auch die wahre Präzession der Nachtgleichen ungleichmäßig wird. Da zunächst kleine Bögen wenigstens für die Beobachtung keinen Unterschied gegen gerade Strecken zeigen, werde an dem nördlichen Pol des mittleren Äquators in Gedanken der Punkt *D* befestigt. Die Linie *AB* sei aber ein Bogen des Kolurs, der die Wendepunkte bestimmt; die Hälfte *B* soll zwischen dem nördlichen Pol des mittleren Äquators und dem dabei liegenden Pol der Parallelkreise zur Ekliptik liegen, daher
20* auch der Endpunkt des kleinsten Abstandes des Pols der täglichen Umdrehung oder der Erde vom Pol, wie oben gesagt, der Ekliptik sein, *A* aber soll zwischen demselben nördlichen Pol des mittleren Äquators und der Ebene der Ekliptik, daher auch Endpunkt der größten Entfernung des Erdpols vom Pol der Ekliptik sein. Wenn ferner die beiden Kleinkreise mit Hilfe der Linie *AB* passend angebracht sind, mag man sich vorstellen, wie weit gegenwärtig der nördliche Erdpol im Punkt *H*, und zwar infolge der zusammengesetzten Bewegung der beiden Kleinkreise, die Linie *AB* mit ihren 24 Minuten
30 durchlaufen wird; ebenso verfährt man unter Beachtung des Gesetzes der Gegenüberstellung, wenn der Südpol sich bewegt,
* oder wenn die hängende Welt die größte Deklination ändert. Auch werde angenommen, der erste Kleinkreis vollende in
* 3434 ägyptischen Jahren einen Umlauf, und die Grenze, von der aus die Bewegung der Anomalie gerechnet wird, sei der Punkt *A* des Kreisumfangs, dessen Durchmesser durch die

erste Schwingung beschrieben wird: und wenn die Erdpole
außer dieser einzigen keine Schwingung hätten, und die Erdpole selber nicht vom Kolur der Wendepunkte abweichen
würden, wird es jedermann sogleich klar sein, wie durch eine
solche Bewegung der Erdpole nur der Neigungswinkel der
wahren Äquatorebene gegen die Ekliptikebene wegen des Fort-
rückens seiner Pole von A gegen D bis B abnehmen, dagegen bei der Vollführung des zweiten Umlaufs von B gegen
D bis A wachsen und deswegen keine Ungleichheit im Vorrücken der Präzession erscheinen würde.   10

Da fernerhin aber auf Grund der Beobachtungen sicher
feststeht, daß die wahren Nachtgleichepunkte sich von den
mittleren nach beiden Seiten bei der größten Prosthapherese
um 70 Minuten entfernen und die Änderung der Schiefe zu
dieser das doppelte Verhältnis hat, so entschloß sich der H.   *
Lehrer zur Aufstellung auch noch einer zweiten, jener unter-
lagerten Schwingung; durch sie sollten nämlich die Pole der
Erde von dem Kolur, der die mittleren Wendepunkte bestimmt,
nach den Seiten der Welt hinauslaufen, und zwar so, daß
der Bogen oder die gerade Strecke ADB dieser zweiten   20
Schwingung mit dem Kolur der mittleren Wendepunkte vier
rechte Winkel macht. Nun soll aber im Norden A die rechte
Seite der Welt, B die linke einnehmen, im Süden aber A
die linke, B die rechte; und das D der letzteren Schwingung
teile mit Hilfe der Punkte H der ersteren nach beiden Seiten
hin die Strecken ADB den 24 Minuten dieser ersteren zu;
schließlich mögen in den Zeichen H dieser letzteren in Wirklichkeit die Erdpole angebracht und durch diese zweite Schwingung von dem genannten Kolur aus beiderseits abgelenkt
werden, wobei in A oder B nur 28 Minuten als äußerste   30
Grenzpunkte festgelegt sind, da der Kolur der wahren Wendepunkte, wenn sich die Pole in solchen Orten befinden, mit
dem der mittleren keinen merklich größeren Winkel als 70 Minuten einschließt. Da aber die Prosthapheresen der Präzession
mit Rücksicht auf den mittleren Frühlingspunkt genommen
werden müssen, schätzt der H. Lehrer diese zweite Schwingung

als dieselbe ein, wie wenn sie über den wahren Frühlingspunkt zum mittleren reichte, besonders weil auf diese Weise
die Auffindung der Prosthapheresen leichter ist. Deshalb wird
auch die Strecke *AB* 140 Minuten betragen und so angeordnet
sein, daß sie der nördlichen Linie der zweiten Schwingung
entspricht, *D* aber im mittleren Frühlingspunkt ist, während
der wahre Frühlingspunkt den Punkt *H* einnimmt, und daß
der Halbmesser eines jeden der beiden Kleinkreise 35 Minuten
beträgt. Außerdem ist die Grenze, von der aus die Bewegung
10 ihren Anfang nimmt, der mittlere Frühlingspunkt; denn von
da an schlägt der wahre Frühlingspunkt nach rechts gegen
A hin aus. Die Anomalie aber wird vom obersten Punkt des
Kreises gezählt, dessen Durchmesser der wahre Frühlingspunkt
beschreibt, der auf dem Umfang desselben Kreises gegen
Norden vom mittleren Kolur der Nachtgleichen bestimmt wird.
Und da während eines Ablaufs der Schiefenänderung die Ungleichmäßigkeit der Präzession zweimal durchlaufen wird, so
wird die Anomalie dieser zweiten Schwingung in 1717 ägyptischen Jahren vollendet. Deshalb gibt auch die Verdoppelung
20 der aus der Tafel entnommenen Anomalie der Schiefe die Anomalie der Präzession, und jene hat den Beinamen die „einfache", diese die „doppelte".

Wenn daher nur diese zweite Schwingung anzunehmen
gewesen wäre, dann würde der Neigungswinkel der Ebene
des wahren Äquators und der Ekliptik sich selbstverständlich
nicht ändern, was gewiß der Beachtung würdig wäre. Wahrhaftig würde jede Änderung der Erscheinungen, die ihretwegen
eintritt, einzig und allein in der Ungleichmäßigkeit der Präzession der Nachtgleichen gefunden werden. Wenn aber beide
30 Schwingungen zusammentreffen, werden durch die gegenseitige Einwirkung beider Bewegungen, wie gesagt, die Erdpole um die Pole des mittleren Äquators die Figur ver-
schränkter Kränzchen beschreiben.

Und wenn die Erdpole in den Kolur, der die mittleren
Wendepunkte bestimmt, fallen, wird der wahre Kolur mit
dem mittleren in einer und derselben Ebene liegen, und der

wahre Frühlingspunkt wird mit dem mittleren vereinigt werden; wenn jedoch, so werden überhaupt nur beim Zusammenfallen * der Pole beider Äquatoren die Ebenen der Äquatoren und der Koluren sowohl der mittleren wie der wahren Wende- und Nachtgleichepunkte vereinigt werden. Wenn aber der Nordpol seitwärts von dem *D* der zweiten Schwingung gegen die rechte Grenze *A* hin verweilt, während der Südpol im entgegengesetzten Punkt steht, folgt der wahre Frühlingspunkt dem mittleren nach, und die Sonne fällt früher in den mittleren als in den wahren Äquator. Wenn aber die Erdpole die beiden 10 Seiten des Weltalls tauschen, so daß der Nordpol links vom mittleren Kolur der Wendepunkte, der Südpol rechts liegt, geht der wahre Frühlingspunkt dem mittleren voran, und die Sonne tritt früher in den wahren als in den mittleren Äquator. Da übrigens der wahre Frühlingspunkt, wenn die Pole der Erde von *A* nach *B* fortschreiten, der Sonne gleichsam entgegenschreitet, so nimmt aus diesem Grund das nach dem Frühlingspunkt berechnete Jahr ab: Da er die Sonne, wenn die Pole von *B* nach *A* gehen, sozusagen flieht, wächst das nach dem Frühlingspunkt berechnete Jahr; und wenn die Pole 20 sich um *D* herum aufhalten, wird eine im Verlauf von wenigen Jahren feststellbare Zu- und Abnahme des Jahres wahrgenommen. Und da das scheinbare Vorrücken der Fixsterne mit der Dauer des auf den Frühlingspunkt bezogenen Jahres verknüpft ist, so ergibt die Beobachtung eine im gleichen Verhältnis schnellere und langsamere rückläufige Entfernung der Wende- und Nachtgleichepunkte von den Fixsternen.   *

Soweit das, was wir anfangs aus den Beobachtungen im Anschluß an die Ansicht meines H. Lehrers über das Sonnenapogäum abgeleitet haben, die Entfernung des Frühlings- 30 punktes von ihm betrifft, ist es aus den vorausgehenden Ausführungen klar. In der Tat wird das Fortschreiten des * Apogäums in der Ekliptik von der gleichförmigen Bewegung des Mittelpunkts des kleinen Kreises und der des Mittelpunktes der „großen Bahn" auf dem Umfang des kleinen Kreises abhängen. Der Durchmesser der „großen Bahn"

oder der Ekliptik, der durch den Mittelpunkt der Sonne
und des kleinen Kreises hindurchgeht, ist die Linie der mittleren Apsiden der Sonne, aber der Durchmesser durch die
Mittelpunkte der Sonne und der „großen Bahn" ist die
Linie der wahren Apsiden. Wie aber der Mittelpunkt der
„großen Bahn" zwischen der Sonne und dem Ort der Ekliptik,
wo die Sonne nach unserer Meinung ihr Perigäum hat, gefunden wird, so wird auf ähnliche Weise der Mittelpunkt
des kleinen Kreises zwischen dem Ort des mittleren Perigäums
10 und der Sonne festgestellt.

Zur Zeit des Ptolemäus wurde die Linie der wahren Apsiden, wenn man vom ersten Stern des Widders aus rechnet,
im Punkt 57 Grad 50 Minuten durch den Ort des scheinbaren
Apogäums und in 237 Grad 50 Minuten durch den des Perigäums
beiderseits begrenzt, die der mittleren Apsiden aber im Punkt
60 Grad 16 Minuten und im entgegengesetzten Punkt 240 Grad
16 Minuten. Denn der Mittelpunkt der „großen Bahn" war vom
Punkt des größten Abstandes des kleinen Kreises vom Mittelpunkt der Sonne ungefähr 21 ⅓ Grad rückwärts weitergerückt,
20 wobei zur selben Zeit die einfache Anomalie, die auch die
der Schiefe ist, natürlich ebensoviel betrug. Da aber der Mittelpunkt des kleinen Kreises sich um den Mittelpunkt der Sonne
und der Mittelpunkt der „großen Bahn" sich auf dem Umfang
des kleinen Kreises gleichmäßig bewegen, schien zur Zeit der
Beobachtung, die der H. Lehrer anstellte, die oberste Apside
der Sonne den Punkt 69 Grad 25 Minuten vom ersten Stern
des Widders aus gerechnet, einzunehmen. Aber da zur selben
Zeit die einfache Anomalie ungefähr 165 Grad war, wurde
die Prosthapherese zu etwa 2 Grad 10 Minuten ermittelt, und
30 er stellte den Mittelpunkt des kleinen Kreises zwischen Sonne
und 251 Grad 35 Minuten, dem Ort des mittleren Perigäums,
fest. Außerdem erreicht die Exzentrizität der „großen Bahn"
oder, wenn man so sagen will, des Exzenters der Sonne, die
* zur Zeit des Ptolemäus ein Vierundzwanzigstel des Halbmessers der „großen Bahn" betrug, in unserer Zeit ungefähr
ein Einunddreißigstel; das zeigen die Beobachtungen und nach

Einführung der Hypothesen des H. Lehrers wird es mit Hilfe der Mathematik leicht abgeleitet.

Auf welche Weise sich die Exzentrizitäten der fünf Planeten aber auch infolge der Bewegung des Mittelpunkts der „großen Bahn" auf dem kleinen Kreis ändern, wie wir bei den Gründen für die Erneuerung der Hypothesen erwähnt haben, kann ohne große Mühe eingesehen werden. Da in der Tat bei der Betrachtung der fünf Planeten vor allem zwei Dinge beachtet werden müssen, nämlich, auf welche Weise und wie weit der Mittelpunkt der Erde sich den Mittelpunkten der Planeten- 10 träger nähert oder von ihnen entfernt, ferner welches Verhältnis jene Zu- oder Abnahme zum Halbmesser der Trägerkreise eines jeden Planeten besitzt, so wird es nicht nötig sein, länger nach den Ursachen zu forschen. Da beim Saturn sogar der ganze Durchmesser des kleinen Kreises fast kein merkliches Verhältnis zum Halbmesser seines Hauptkreises hat, deswegen, weil er als erster unter der gestirnten Sphäre dahinzieht, werden die Beobachtungen keinerlei Veränderung der Exzentrizität ergeben können. Da sodann das Apogäum des Jupiter um ungefähr einen Viertelskreis vom Apogäum der 20 Sonne entfernt haltgemacht hat, so wird heute wegen des Fortschreitens des Mittelpunkts der „großen Bahn" keine merkbare Änderung seiner Exzentrizität festgestellt, obwohl das Verhältnis des Durchmessers des kleinen Kreises zum Halbmesser seiner Bahn merklich und wahrnehmbar ist. Und dies ist die Ursache, warum auch beim Merkur keine Änderung der Exzentrizität bemerkt wird, da er mit seinem Apogäum ebenso die Seite des Sonnenapogäums begrenzt. Das Apogäum des Mars hat vom Sonnenapogäum nach links ungefähr einen Abstand von 50 Grad, das der Venus aber nach rechts einen solchen von 30 42 Grad. Es haben also die Mittelpunkte dieser Hauptkreise eine für die Wahrnehmung der Änderung geeignete Lage, und da der Durchmesser des kleinen Kreises zu der Bahn der beiden ein beachtliches Verhältnis hat, findet der H. Lehrer durch Prüfung der Beobachtungen über diese beiden Planeten mit Hilfe der Lehre von den Dreiecken, daß von der Exzentri-

zität des Mars ein Zweiundvierzigstel, von der der Venus ein
Fünftel wegen der Annäherung des Mittelpunkts der „großen
Bahn" an die Sonne in Wegfall gekommen sind. Damit aber
auch nicht irgendeine einzige Bewegung, welche der Erde
zugeschrieben wird, zu wenig Beweisgründe zu haben scheint,
ist es von der Weisheit des Schöpfers absichtlich so eingerichtet worden, daß jede beliebige Bewegung in gleicher
Weise auch bei den scheinbaren Bewegungen aller Planeten
deutlich erkannt werde; so sehr war es angebracht, sich mit
10 nur wenigen für die Fülle der Erscheinungen in der Natur
unentbehrlichen Bewegungen zu begnügen. Daher berührt auch
die Bewegung der „großen Bahn" nicht nur die Sonne und
die sie umgebenden Planeten, sondern auch die Vorkomm-
nisse beim Mond. Wie nämlich Ptolemäus bestimmte, daß der
größte Abstand der Sonne von der Erde 1210 und die Achse
* des Schattens 268 Erdhalbmesser betrage, so beweist der H.
Lehrer, daß heutzutage dieselbe größte Entfernung der Sonne
* 1179 und die Achse des kegelförmigen Schattens 265 solcher
Einheiten besitzt. Aber zum Zweck einer durch die Ände-
20 rung der Hypothesen notwendig gewordenen genauen Untersuchung der Bewegungen und Vorkomnisse bei beiden Leuchten, glaubte ich alle übrigen einschlägigen Fragen aufsparen
zu müssen für den zweiten Bericht.

ZWEITER TEIL DER HYPOTHESEN;
ÜBER DIE BEWEGUNGEN DER FÜNF PLANETEN

Während ich dieses wahrhaft bewundernswerte Kunstwerk
der Hypothesen meines H. Lehrers bei mir im Geist überdenke, kommt mir öfter, hochgelehrter Herr Schöner, jenes
Wort Platos in den Sinn, der nach der Darlegung der bei
30 einem Astronomen erforderlichen Fähigkeiten zuletzt anfügt:
daß ohne Staunen wohl nicht leicht einmal ein Wesen zur
Forschung geeignet wird.

Als ich aber im letzten Jahr bei Dir war und Dein und
anderer Bemühen sah, die Lehre unseres Regiomontan und

seines Lehrers Peuerbach von den Bewegungen zu verbessern, *
begann ich zum erstenmal einzusehen, welche Mühe und Arbeit
es sein werde, diese Königin der Wissenschaften, die Astronomie,
wie sie es verdient hätte, wieder auf ihren Thron zu setzen
und die Pracht ihrer Herrschaft wiederherzustellen. Da ich aber
nach Gottes Fügung dem H. Doktor, meinem Lehrer, Zu-
schauer und Zeuge solcher Mühen, die er mit ganz heiterem
Gemüt erträgt und größtenteils schon überwunden hat, geworden bin, sehe ich, daß ich mir nicht einmal den Schatten
solcher Arbeitslast geträumt habe. Diese Arbeit ist aber so 10
riesengroß, daß nicht einmal jeder Halbgott sie tragen und
schließlich überwinden könnte. Ich möchte meinerseits glauben,
daß die Alten aus diesen Gründen überliefert haben, Herkules,
der Sproß des höchsten Jupiter, habe den Himmel, weil er
seinen eigenen Schultern weiterhin mißtraute, wieder dem Atlas
auferlegt, damit er, durch die Länge der Zeit gewöhnt, mit
starkem Mut und ungebrochener Kraft, wie er es einmal begonnen hatte, diese Last zum Ende trage. Der göttliche Plato,
nach den Worten des Plinius der Vorsteher der Weisheit, spricht
dazu in seiner Schrift Epinomis ganz offen die Meinung aus, die *20
Astronomie sei unter göttlicher Anleitung begründet worden.
Dieses Wort Platos legen andere vielleicht auf andere Weise
aus. Der H. Doktor, mein Lehrer, hat aber die Beobachtungen
aller Zeitalter mit seinen eigenen der Reihe nach oder in Verzeichnissen gesammelt und hat sie immer zur Einsichtnahme bei
sich. Wenn dann irgendwelche Feststellungen getroffen oder
wissenschaftliche Lehrsätze aufgestellt werden sollen, schreitet
er von jenen ersten Beobachtungen bis zu seinen eigenen fort
und wägt genau ab, in welcher Richtung Übereinstimmung
zwischen ihnen allen bestehen könnte. Ferner beurteilt er die 30
Schlüsse, die er unter Leitung der Göttin Urania richtig daraus
gezogen hat, nach Ptolemäus und den Hypothesen der Alten,
und nachdem er sie mit größter Sorgfalt gründlich geprüft
und gefunden hat, daß diese Hypothesen unter dem Zwang
des astronomischen Naturgesetzes verworfen werden müssen,
stellt er gewiß nicht ohne göttliche Eingebung und ohne Geheiß

der Himmlischen neue Hypothesen auf. Darauf stellt er unter
Anwendung der Mathematik auf geometrischem Weg fest, was
man aus solchen Annahmen durch stichhaltige Folgerung ableiten kann, und schließlich wendet er die Beobachtungen der
Alten und seine eigenen auf die angenommenen Hypothesen
an, und dann erst, nachdem er alle diese genannten Arbeiten
zu Ende geführt hat, schreibt er endlich die Gesetze der Astronomie nieder.

Wenn ich mir das vor Augen halte, so glaube ich, daß
10 Plato im folgenden Sinn zu verstehen ist: Der Mathematiker,
der die Bewegungen der Gestirne durchforscht, gleicht ganz
und gar einem Blinden, der, nur auf seinen Stock gestützt,
einen weiten, unendlichen, schlüpfrigen und durch unzählige
Seitenpfade erschwerten Weg durchwandern muß. Was wird
geschehen? In Sorge wird er eine Zeitlang einherschreiten,
mit dem Stock seinen Weg suchen und, auf ihn gestützt, dann
und wann voll Verzweiflung den Himmel, die Erde und alle
Götter anrufen, sie möchten ihm Armen zu Hilfe kommen.
Ihn wird Gott gewiß einige Jahre seine Kräfte ausprobieren
20 lassen, damit er endlich einsähe, daß er sich mit seinem Stock
keineswegs vor der drohenden Gefahr retten könne. Wenn
er dann schon längst ganz mutlos geworden ist, reicht ihm
Gott erbarmend die Hand und führt ihn an seiner Hand bis
ans gewünschte Ziel. Der Stab des Astronomen ist gerade
die Mathematik oder die Geometrie, mit der er zunächst den
Weg abzutasten und zu verfolgen wagt. Denn was nutzen die
Kräfte des menschlichen Geistes bei der Erforschung dieser
* göttlichen und uns so weit entrückten Dinge mehr als trübe
Augen? Wenn ihm daher Gott nicht in seiner Güte die heroischen
30 Gedanken der göttlichen Bewegungen einflößen und ihn gleichsam an der Hand auf dem sonst für die menschliche Vernunft
nicht auffindbaren Weg führen würde, möchte ich nicht glauben,
daß der Astronom in irgendeiner Beziehung besser und glücklicher daran wäre als jener Blinde, außer daß er manchmal
seinem Geist vertraut, seinem oben genannten Stab göttliche
Ehren erweist und sich beglückwünscht zur Wiedererweckung

der Göttin Urania aus der Unterwelt. Sobald er aber die Sache
auf dem richtigen Weg bei sich überlegen wird, wird er merken,
daß er nicht glücklicher ist als Orpheus, der ja Eurydike sich
im Geiste folgen sah, als er aus dem Orkus mit hüpfenden
Schritten emporstieg; sobald er aber nachher an die Öffnung
des Avernus gekommen war, verschwand sie, die er ganz zu
besitzen hoffte, aus seinen Augen und stieg wieder in die Unterwelt hinab.

So wollen wir denn, wie wir begonnen haben, auch bei
den übrigen Planeten die Hypothesen des H. Doktor, meines 10
Lehrers, genau durchforschen, damit wir sehen, ob er mit seinem
beharrlichen Sinn und unter der Führung Gottes Urania zu
den Göttern emporgeführt und ihr die gebührende Ehre wieder
verschafft habe. Man könnte vielleicht verspotten, was bei den
sichtbaren Bewegungen der Sonne und des Mondes über die
Erdbewegung gesagt wird, obwohl ich nicht sehe, wie man das
Verhalten der Präzession auf den Fixsternhimmel übertragen
will; wenn man vollends bei den überall hervorleuchtenden
Ursachen der Erscheinungen entweder auf den ersten Zweck der
Astronomie und die harmonische Gesetzmäßigkeit des Systems 20
der Bahnen oder auf ihre gefällige Lieblichkeit achten will,
wird man auf alle Fälle die sichtbaren Bewegungen der übrigen Planeten durch keine anderen Hypothesen zweckmäßiger
und treffender nachweisen; so sind alle diese Erscheinungen
wie mit einer goldenen Kette offensichtlich aufs herrlichste
miteinander verknüpft, und jeder beliebige Planet beweist in
seiner Lage, durch seine Anordnung und durch jede Ungleichmäßigkeit seiner Bewegung, daß die Erde sich bewegt,
und daß wir infolge der entgegengesetzten Lage der Erdkugel, auf der wir festhaften, uns einbilden, daß jene in den 30
verschiedenartigen Eigenbewegungen herumirren. Und wenn
überhaupt irgendwo zu sehen ist, wie Gott die Welt uns *
zur Erforschung überlassen hat, so ist es gewiß hier am
allerdeutlichsten ersichtlich. Und ich glaube aber auch nicht,
daß die Tatsache, daß Gott den Ptolemäus und ebenso andere führende Geister in diesem Punkt anderer Meinung

sein ließ, irgend jemand irre machen kann, da diese nicht zur Gattung derjenigen Vorurteile gehören, denen Sokrates im Gorgias eine den Menschen verderbliche Wirkung zuschreibt. Und weder die echte Wissenschaft noch auch jene aus ihr fließende Wahrsagekunst dürften sich aus dieser Meinungsverschiedenheit den Untergang zuziehen.

* Die Alten schrieben jede Ungleichmäßigkeit der Bewegung, welche die drei oberen Planeten bezüglich der Sonne nach ihren Erfahrungen besaßen, ihren eigenen Epizykeln zu. Da 10 sie weiterhin klar sahen, daß die übrige sichtbare Ungleichmäßigkeit bei denselben Planeten keineswegs allein durch die Wirkungsweise eines Exzenters verursacht werden könnte, und da die Rechnung, wenn man bei der Bestimmung ihrer Bewegungen nach dem Beispiel der Hypothesen der Venus verfährt, mit der Erfahrung und den Beobachtungen übereinstimmte, glaubten sie, es müsse auch für die zweite sichtbare Ungleichheit die gleiche Einrichtung angenommen werden, welche die Venus nach ihren Schlüssen aus den Beweisführungen besaß, so daß nämlich wie bei der Venus der Mittelpunkt 20 des Epizykels jedes beliebigen Planeten sich zwar in gleichbleibendem Abstand um den Mittelpunkt des Exzenters bewegen, aber die Gleichmäßigkeit seiner Bewegung auswählen würde im Hinblick auf den Mittelpunkt des Ausgleichkreises; nach diesem Punkt soll auch der Planet selbst sich richten, wenn er sich im Epizykel durch seine Eigenbewegung vom mittleren Apogäum gleichmäßig entfernt. Solange man übrigens die Erde im Mittelpunkt des Weltalls festzuhalten bestrebt war, zwangen die Beobachtungen selbst zu der Festsetzung, daß einerseits die Venus durch eine eigentümliche und be- 30 sonder: Bewegung ihre Umläufe in ihrem Epizykel vollführt, aber bezüglich des Exzenters in der mittleren Bewegung der Sonne einherschreitet, daß andererseits jene sich in ihrem Epizykel nach der Sonne richten, im Exzenter aber in eigenständigen Bewegungen dahinfahren. Aber außer den Annahmen, die nach ihrem Urteil zur Erklärung der Erscheinungen bei der Venus ausreichten, hielten sie in der Theorie

des Merkur auch noch die Einführung eines anderen Orts *
des Ausgleichpunktes und die Annahme für nötig, daß gerade der Mittelpunkt, von dem der Epizykel gleiche Abstände hat, in einem kleinen Kreis gedreht werde. Alle diese
Dinge sind, wie die meisten Leistungen der Alten, sicher scharf-
sinnig erdacht und im Einklang mit den Bewegungen und
Erscheinungen, wenn wir zugeben, daß die himmlischen Bahnen
um ihre eigenen Mittelpunkte sich ungleichmäßig bewegen,
was jedoch der Natur zuwider ist, und wenn wir die erste
und am meisten auffallende Ungleichmäßigkeit der sichtbaren 10
Bewegungen den fünf Planeten gleichsam als eigentümliches
Merkmal zuschreiben, während klar ist, daß diese nur zufälliger-
weise bei ihnen erscheint.

Bei den Breiten der Planeten aber scheinen die Alten auch *
jenen Grundsatz vernachlässigt zu haben, daß nämlich alle Bewegungen der himmlischen Körper entweder Kreisbewegungen
sind oder sich aus Kreisbewegungen zusammensetzen, wenn
nicht vielleicht jemand die Reflexionen und Deklinationen der
Venus und des Merkur und die Deklinationen der Epizykel bei
den drei oberen und die Deviationen bei den unteren Planeten 20
durch die Schwingungsbewegungen auf die Weise erklären
wollte, die ein wenig weiter oben über die Bewegung der Deklination der Erde vorgetragen worden ist. Mag dies immerhin zugegeben werden bei den Reflexionen und Deklinationen der
Venus und des Merkur, insofern ja ihre Neigungswinkel zwischen den Exzenter- und Epizykelebenen überall dieselben bleiben, so widerlegt doch die gewöhnliche Rechnung die Ansicht,
daß die Deklinationen der Epizykel bei den drei oberen Planeten und die Deviationen der Venus und des Merkur durch
Schwingungen entstehen. Sprechen wir nämlich nur von den 30
Deviationen, weil man die Verhältnisteile, durch die wir die Deviationen für die Stellungen des Exzentermittelpunktes außerhalb der Knoten und Apsiden abschätzen, auf dieselbe Weise
aufgespürt und festgestellt hat, auf welche die Deklinationen
der Ekliptikgrade in der Lehre von der ersten Bewegung gesucht
werden, so kommt folgender Fall vor: Wenn der Mittelpunkt

des Venusepizykels 60 Grad von einer der Exzenterapsiden
entfernt ist, so errechnen wir eine Deviation von fünf Minuten, bei Merkur aber von $22^1/_2$ Minuten. Wenn man nun
annimmt, daß der Deferent durch Schwingungen abirre, so
würde die richtige Berechnung bei einer solchen Lage des
Venusepizykels eine Deviation von nicht über $2^1/_2$ Minuten,
bei Merkur aber von $11^1/_4$ erfordern. Dort würde man nämlich
bei der angenommenen Lage des Epizykelmittelpunktes aus
dem besonderen Verhalten der schwingenden Bewegung den
10 Neigungswinkel der Exzenterebene gegen die der Ekliptik
nicht größer als 5 Minuten finden, hier aber nicht größer als
* $22^1/_2$; und gerade darum hat vielleicht Johannes von Königsberg geglaubt, seine Schüler mahnen zu müssen, die Berechnung bei den Breiten solle sich nur auf die Annäherung an
die Wahrheit beschränken. Da schließlich die Menschen, wie
Aristoteles an mehreren Stellen nachweist, durch ihre Natur
das Streben nach Wissen haben, ist es ja recht peinlich, daß
gerade hier die Ursachen der Erscheinungen am meisten
versteckt und wie in kimmerische Finsternisse gehüllt sind, was
20 auch Ptolemäus mit uns bezeugt; so möchte ich einstweilen
nicht mehr über die Hypothesen der Alten bei den 5 Planeten
anführen, als sowohl die Aufzählung der — wenn ich so sagen
darf — neuen Hypothesen selbst und ihre Vergleichung mit
den alten erfordert. Den Ptolemäus und seine Nachfolger liebe
ich gleichwie meinen H. Lehrer von Herzen, weil ich ja in
Wahrheit immer jene heilige Vorschrift des Aristoteles im Auge
* und im Sinn habe: „Man muß beide lieben, aber sich auf
die genaueren Forscher verlassen", wenn ich auch unwillkür-
lich fühle, daß ich doch näher zu den Hypothesen meines
30 H. Lehrers hinneige. Dies geschieht vielleicht teils, weil ich
schon längst meinen Sinn darauf richte, jenes höchst anzie-
hende Wort besser zu verstehen, da es wegen seiner Wichtig-
* keit und Richtigkeit Plato zugeschrieben wird: „Daß Gott
immer Geometer sei", teils aber, weil ich bei der Erneuerung
der Astronomie des H. Lehrers, gleichsam nach Vertreibung
der Nebel jetzt bei offenem Himmel und, wie man zu sagen

pflegt, mit beiden Augen die Bedeutung jenes Ausspruchs des
weisen Sokrates im Phädrus schaue: „Wenn ich einen anderen *
für fähig halte zu sehen, was in Eins gewachsen ist und in
Vieles, dem folge ich wie eines Unsterblichen Fußtritt"

DIE HYPOTHESEN DER LÄNGENBEWEGUNGEN
DER FÜNF PLANETEN

Aus dem Beweis des H. Lehrers für die Richtigkeit dieser
seitherigen Ausführungen über die Bewegung der Erde folgt
deshalb (wie wir bei den Gründen für die Erneuerung der
Hypothesen berichtet haben), daß alle Ungleichmäßigkeit der 10
sichtbaren Bewegung der Planeten, welche bei ihnen bezüglich ihres Verhaltens zur Sonne in Erscheinung tritt, wegen
der jährlichen Bewegung der Erde in der „großen Bahn"
entsteht, und daß die Planeten in Wirklichkeit immer nur einherschreiten in der zweiten Ungleichheit, die an den Graden
der Ekliptik beobachtet wird; deshalb stehen ihnen nur die
Hypothesen zu, durch welche die zwei Ungleichmäßigkeiten
der Bewegung nachgewiesen werden können. Wie aber der
H. Lehrer beim Mond lieber einen Epizykel eines Epizykels
gebrauchen wollte, so wählte er zwar bei den drei oberen 20
Planeten zum bequemeren Nachweis der Ordnung und Gleichmäßigkeit der Bewegung Exzenterepizykel, bei Venus und
Merkur aber Exzenter auf einem Exzenter. Da wir aber zu
den Bewegungen der drei oberen Planeten gleichsam vom
Mittelpunkt der Erde aus hinauf sehen, aber die Kreisbewegungen der unteren gewissermaßen unter uns betrachten, so war
es vernunftgemäß, daß die Mittelpunkte der Planetenbahnen
auf den Mittelpunkt der „großen Bahn" bezogen werden, von
dem aus wir dann die Bewegungen und alle Erscheinungen
gerade auf den Mittelpunkt der Erde so fehlerfrei als möglich 30
übertragen wollen. Deshalb muß auch bei den fünf Planeten
jener Exzenter angenommen werden, dessen Mittelpunkt
außerhalb des Mittelpunkts der „großen Bahn" ist.

Damit aber die Gründe für die Aufstellung der neuen Hypo- *
thesen richtiger verstanden und alle sichtbaren Tatsachen

immer offenkundiger werden, wollen wir zuerst annehmen, daß die Ebenen der fünf Planetenexzenter in der Ebene der Ekliptik und die Mittelpunkte der Träger- und Ausgleichkreise in der Umgebung des Mittelpunktes der „großen Bahn" liegen, wie bei den Alten in der Nähe des Erdmittelpunktes. Dann mögen die Abstände zwischen dem Mittelpunkt der „großen Bahn" und den Ausgleichpunkten oder Mittelpunkten der Ausgleichkreise in vier gleiche Teile geteilt werden. Ferner werde der Mittelpunkt des Exzenters wenigstens bei jedem der drei
10 oberen Planeten in den dritten Teilpunkt vom Mittelpunkt der „großen Bahn" aus dem Apogäum zu hinaufgehoben, auf dem Umfang des Exzenters mit der Zirkelspannung des restlichen Viertels der Epizykel beschrieben, und so wird der Mechanismus der Längenbewegung, die jedem einzelnen eigentümlich ist, zum Vorschein kommen. Wenn deshalb nach der Ansicht meines H. Lehrers der Planet im oberen Teil dieses sich drehenden Epizykels sich vorwärts, im unteren rückwärts so bewegt, daß der Planet selbst im Perigäum seines Epizykels gesehen wird, sobald der Mittelpunkt des Epizykels sich im
20 Apogäum des Exzenters befindet, daß umgekehrt der Planet das Apogäum des Epizykels einnimmt, sobald der Mittelpunkt des Epizykels sich im Perigäum des Exzenters aufhält, und daß durch diese Gleichheit der Bewegungen der Planet in seinem Epizykel seine Umläufe in gleicher Zeit mit dem Mittelpunkt des Epizykels im Exzenter vollendet, dann ist klar, daß trotz Wegnahme der Ausgleicher die Ungleichmäßigkeit der Bewegung der oberen Planeten vom Mittelpunkt der „großen Bahn" aus gesehen regelmäßig ist und aus gleichmäßigen zusammengesetzt wird. Denn der auf diese Weise angenommene Epi-
30 zykel übernimmt die Rolle des Ausgleichkreises, und der Exzenter beschreibt um seinen Mittelpunkt und der Planet im Epizykel um den Mittelpunkt des Epizykels, auf dem er sitzt, in gleichen Zeiten gleiche Winkel.

Die Bewegung der Venus aber wird so vor sich gehen: Der Trägerkreis, dessen Aufgabe die „große Bahn" erfüllt, wird verworfen, um den dritten Teilpunkt werde mit der Zirkelspannung des übrigen Viertels ein kleiner Kreis beschrieben. Dann werde der Mittelpunkt des Venusepizykels, der hier Exzenter des Exzenters, zweiter oder beweglicher Exzenter heißen wird, im Umfang des genannten kleinen Kreises nach einem solchen Gesetz bewegt, daß, so oft der Erdmittelpunkt in die Absidenlinie fällt, der Mittelpunkt des Exzenters selber in dem Punkt des kleinen Kreises steht, der dem Mittelpunkt der „großen Bahn" am nächsten ist, daß aber, wenn die Erde sich in ihrem Kreis mitten zwischen den beiden Apsiden befindet, der Mittelpunkt des Venusexzenters selbst 10 in dem Punkt des kleinen Kreises steht, der vom Mittelpunkt der „großen Bahn" am weitesten entfernt ist, und in der Reihenfolge der Zeichen nach derselben Seite bewegt wird wie auch die Erde, jedoch, wie aus dem Gesagten folgt, zwei Umläufe während eines Umgangs der Erde vollführt.

Aber das System der Merkurbewegungen stimmt zwar der Art nach mit dem der Venus überein, jedoch wird dazu noch ein Epizykel angenommen, dessen Durchmesser er wegen einer restlichen Ungleichmäßigkeit mit Hilfe einer Schwingung beschreibt. Damit er sich übrigens der Erdbewegung angleiche, 20 nimmt er als Größe des Halbmessers des beweglichen Deferenten 3573, als Exzentrizität des ersten Deferenten 736, als Halbmesser des kleinen Kreises, der den beweglichen Mittelpunkt des Deferenten festhält, 211 und als Durchmesser des genannten Epizykels 380 der Teile an, von denen es vom Mittelpunkt der „großen Bahn" bis zum Erdmittelpunkt 10000 sind. Bei der Bewegung aber wählt er ein solches Gesetz, daß der Mittelpunkt des beweglichen Exzenters — umgekehrt wie es bei der Venus zutraf — am weitesten vom Mittelpunkt der „großen Bahn" absteht, wenn die Erde sich in der Linie der 30 Apsiden des Planeten befindet, und daß er in die größte Nähe heranrückt, wenn die Erde um einen Viertelskreis von den Apsiden des Planeten entfernt ist. Er wird offensichtlich einen festen Epizykel haben, dessen zum Mittelpunkt des beweglichen Deferenten gerichteten Durchmesser der Planet selbst beschreibt, indem er in Pendelbewegung geradlinig dahinkriecht, wobei folgendes Gesetz eingehalten wird: Wenn der Mittelpunkt des beweglichen Exzenters sich in der größten Entfernung vom Mittelpunkt der „großen Bahn" befindet, soll der Planet das Perigäum seines Epizykels einnehmen, welches das untere Ende des Durchmessers ist, den er beschreibt, umgekehrt soll er das übrige Ende, das Apogäum genannt werden könnte, einnehmen, wenn derselbe Mittelpunkt des beweglichen Exzenters dem Mittelpunkt der „großen Bahn" am nächsten ist. Die Bewegungen der Apsiden der Planeten aber, wie

10 auch noch gewisse andere Erscheinungen werden dem zweiten Bericht vorbehalten.

Das ist etwa das ganze System der Hypothesen, um jede eigentümliche Ungleichmäßigkeit der Längenbewegung der Planeten zu erklären. Wenn deshalb unser Auge sich im Mittelpunkt der „großen Bahn" befände, würden die von ihm aus über die Planeten bis zur Fixsternsphäre verlängerten Sehstrahlen oder die Geraden der wahren Bewegungen nicht anders in der Ekliptik herumgeführt werden, als die Natur der genannten Kreise und Bewegungen es erfordern würde, so daß sie

20 im Tierkreis die diesen Bewegungen eigenen Ungleichmäßigkeiten zeigen würden. Da aber wir Bewohner der Erde von ihr aus die sichtbaren Bewegungen der himmlischen Körper betrachten, beziehen wir alle Bewegungen und Erscheinungen auf ihren Mittelpunkt als das innerste Fundament unseres Wohnsitzes, indem wir aus ihm durch die Planeten Linien ziehen, wie wenn das Auge vom Mittelpunkt der „großen Bahn" in den Mittelpunkt der Erde übertragen worden wäre; es ist also klar, daß die Ungleichmäßigkeiten aller Erscheinungen, wie sie von uns eben gesehen werden, von hier aus erschlossen werden müssen;

30 daß aber das Vorhaben, die wahren und eigenen Ungleichmäßigkeiten der Planetenbewegungen zu erschließen, durch Linien, die, wie gesagt, vom Mittelpunkt der „großen Bahn" ausgehen, bewerkstelligt werden müßte. Damit wir das aber doch um so geschickter aus den Dingen, deren Aufzählung bei den Erscheinungen der Planeten noch aussteht, entwickeln und die ganze Untersuchung leichter und angenehmer werde,

sollen in Gedanken nicht nur die Linien der wahren sichtbaren Bewegungen, die vom Mittelpunkt der Erde aus durch
die Planeten bis zur Ekliptik gehen, angenommen werden,
sondern auch die, welche vom Mittelpunkt der „großen Bahn"
aus gezogen sind und deshalb im eigentlichen Sinn Linien
der Ungleichmäßigkeit der Bewegung genannt werden.

Sobald es daher, während die Erde infolge der Bewegung
der „großen Bahn" dahinschreitet, dahin gekommen ist, daß
sie selbst auf derselben geraden Linie zwischen die Sonne und
einen der drei oberen Planeten hineingestellt wird, wird der   10
Planet natürlich am Abend aufzugehen scheinen; und da ihm
die Erde in dieser Lage am nächsten ist, stellten die Alten
fest, daß der Planet der Erde am nächsten oder in der Gegend
des Perigäums seines Epizykels sei. Wenn aber die Sonne sich
der Linie des wahren und sichtbaren Planetenortes nähert, was
geschieht, wenn die Erde an den dem genannten entgegengesetzten Ort gelangt, beginnt der Planet beim Abenduntergang zu verschwinden und sich am meisten von der Erde
zu entfernen, bis die Linie des wahren Planetenortes auch durch
den Mittelpunkt der Sonne geht und der Planet verdeckt wird,   20
weil die Sonne genau zwischen Planet und Erde zu stehen
kommt. Von dieser Verfinsterung an wird man dann infolge
der ununterbrochenen Bewegung der Erde, weil sich die Linie
des wahren Sonnenortes von der des wahren Planetenortes
entfernt, den Planeten wieder beim Morgenaufgang aufleuchten
sehen, sobald er von der Sonne den gehörigen Abstand hat,
wie der Sehwinkel es erfordert.

Da ferner die „große Bahn" bei den Hypothesen dieser drei
oberen Planeten die Stelle des von den Alten jedem Planeten
zugesprochenen Epizykels vertritt, so wird in dem bis zum   30
Planeten verlängerten Durchmesser der „großen Bahn" das
wahre Apogäum und Perigäum des Planeten bezüglich der
„großen Bahn" gefunden werden, das mittlere Apogäum und
Perigäum aber in dem Durchmesser der „großen Bahn",
welcher der vom Mittelpunkt des Exzenters zum Mittelpunkt
des Epizykels gezogenen Linie parallel bewegt wird. Und da

die Erde in der Hälfte gegen den Planeten zu sich dem Planeten selbst nähert, in der übrigen gegenüberliegenden sich entfernt, werden natürlich die äußersten Enden der Durchmesser der „großen Bahn" dort die Perigäen, hier aber die Apogäen angeben, da jene Hälfte an die Stelle des unteren Teils des Epizykels, diese an die Stelle des oberen tritt.

Nimm an, es sei nicht weit von einer Konjunktion der Sonne und des Planeten; der Erdmittelpunkt sei, natürlich hinsichtlich der „großen Bahn", im wahren Ort des Planetenapogäums,
10 und die Linie der eigenen Ungleichmäßigkeit falle mit der Linie des sichtbaren Orts des Planeten zusammen. Wenn die Erde aber von dieser Stelle aus in ihrer Bewegung fortschreitet, werden die Linien der eigenen Ungleichmäßigkeit und des wahren Planetenorts anfangen, sich im Planetenkörper zu schneiden; die eine wird in ihrer regelmäßigen ungleichförmigen Bewegung im Tierkreis vorwärts schreiten, die andere aber wird sich von derselben wegdrehen und uns künden, daß der Planet schneller in der Ekliptik einherschreitet, als er in Wirklichkeit infolge seiner Eigenbewegung vorrückt. Wenn die Erde
20 aber zu dem Teil der „großen Bahn" gelangt, der dem Planeten näher ist, wendet sich letztere aus ihrer Richtung in die Rückläufigkeit, so daß das scheinbare Vorwärtsschreiten des Planeten uns langsamer erscheint; da die Erde fernerhin zum Planeten aufsteigt, wird die Linie der wahren Sonnenbewegung vom Planeten fortbewegt werden, und wir werden meinen, der Planet nähere sich uns, wie wenn er von einem höheren Ort herabsteigen würde. So lange wird aber der Planet in gleicher Bewegungsrichtung gesehen werden, bis der Erdmittelpunkt in die Stellung der „großen Bahn" zum Planeten
30 gekommen ist, in welcher der tägliche Rückdrehungswinkel der Linie des wahren Planetenorts rückwärts gleich ist dem täglichen Winkel der eigenen Ungleichmäßigkeit des Planeten vorwärts. Da sich nämlich dort die beiden Bewegungen aufheben, wird der Planet einige Tage an seiner ersten Haltestelle zu stehen scheinen; das richtet sich nach dem Verhältnis der „großen Bahn" zum Exzenter des beobachteten Planeten,

nach der Lage des Planeten in seiner Bahn und nach der Eigen-
geschwindigkeit seiner Bewegung. Wenn die Erde sich ferner
von diesem sogearteten Punkt aus dem Planeten weiter ge-
nähert hat, kommt es, daß wir glauben, der Planet kehre zurück
und bewege sich rückwärts, da nämlich die Zurückdrehung
die Eigenbewegung des Planeten merklich übertrifft, und zwar
so weit, bis die Erde das wahre Perigäum des Planeten bezüglich der „großen Bahn" erreicht, wo der Planet im mittleren Ort seines Zurückweichens am nächsten bei der Opposition der Sonne und der Erde sein wird. Wenn Mars in dieser *10
Lage gefunden wird, läßt er außer der gewöhnlichen Zurückdrehung in bezug auf die „große Bahn" oder der Ungleichmäßigkeit der Erscheinung dazuhin auch noch eine andere
Ungleichmäßigkeit der Erscheinung wegen der merklichen
Größe des Verhältnisses des Erdhalbmessers zu seinem Abstand zu, wie eine genaue Beobachtung bezeugen wird.
Sobald die Erde schließlich von dieser, wenn ich so sagen darf,
Zentralkonjunktion mit dem Planeten vorwärts wegbewegt
wird, verringert sich die rückläufige Drehung im gleichen Verhältnis, wie sie vorher gewachsen war, bis infolge erneuter 20
gegenseitiger Aufhebung der Bewegungen der Planet an seiner
zweiten Haltestelle stationär wird. Wenn nachher die Eigenbewegung des Planeten die Zurückdrehung übertrifft, erhält
er, während die Erde weiterschreitet, seine ursprüngliche
Richtung, so daß schließlich der Planet in der Mitte dieser
Richtung erscheint und die Erde wieder das wahre Apogäum
des Planeten, von dem wir sie weggeführt haben, einnimmt
und uns alle angeführten Erscheinungen der Reihe nach bei
den einzelnen Planeten wieder vorführt. Und das ist der erste
Vorteil der „großen Bahn" bei der Betrachtung der Planeten- 30
bewegungen, durch den wir von den drei großen Epizykeln
bei Saturn, Jupiter und Mars befreit werden. Was aber die
Alten das Argument des Planeten genannt haben, nennt der
H. Lehrer die Bewegung der Kommutation des Planeten, denn
wir berechnen mit ihrer Hilfe die Erscheinungen, die auf der
„großen Bahn" in Rücksicht auf die Erdbewegung eintreten;

es ist ja bekannt, daß diese im Hinblick auf die „große Bahn"
nichts anderes sind als die Parallaxen des Mondes, die durch
des Verhalten des Erdhalbmessers zu seinen Bahnen verursacht
sind. Wenn man aber die Bewegungen des Epizykelmittelpunktes irgend eines Planeten von der gleichmäßigen Bewegung der Erde, die auch die mittlere Bewegung der Sonne
ist, abzieht, bleibt die gleichmäßige Bewegung der Kommutation übrig, und sie wird vom mittleren Apogäum aus gezählt, von dem sich auch die Erde gleichmäßig entfernt; daher
10 hat man auch die wahre und sichtbare Bewegung eines beliebigen Planeten in der Ekliptik aus den Prosthapheresentafeln
der Planeten des H. Lehrers zur Verfügung.

Einen anderen Teil der Vorzüge der „großen Bahn", der
nicht weniger wichtig ist als der obige, werden wir vollends in
der Theorie der Venus und des Merkur finden. Denn da wir
diese beiden Planeten von der Erde wie von einem erhöhten
Punkt aus beobachten, so würden wir, auch wenn sie selber
gleich wie die Sonne fest blieben, doch glauben, daß die Planeten
selber gleichwie die Sonne infolge ihrer Eigenbewegungen
20 den Tierkreis durchwandern, weil wir durch die Bewegung der
„großen Bahn" um sie herumgeführt werden. Und da die Beobachtungen beweisen, daß Venus und Merkur in ihren Kreisbahnen außer der mittleren Sonnenbewegung, durch welche
sie vorwärts geführt werden, auch noch durch Eigenbewegungen vorrücken, so werden also auch andere Erscheinungen
bei ihnen erblickt werden, die von außen herantreten und
vom Verhältnis zur „großen Bahn" abhängen. Zuerst
werden wir nämlich ihre Bahnen für Epizykel halten, die
gleichsam mit Hilfe eigener Deferenten in gleichen Schritten
30 wie die Sonne den Tierkreis durchlaufen; so wird unsere
Meinung ihre ganzen Bahnen in das Apogäum des Exzenters
verlegen, wenn die Erde im Perigäum ihrer ersten Deferenten
steht, und im Gegenteil die Bahnen in das Perigäum, wenn
sie beim Apogäum ist. Wie man außerdem bei den oberen
Planeten die Apogäen und Perigäen in bezug auf die Planeten
auf der „großen Bahn" selber bestimmt, so werden sie um-

gekehrt auf den Bahnen der Venus und des Merkur in Rücksicht
auf den Mittelpunkt der Erde, wo er auch sein mag, bezeichnet
und der jährlichen Bewegung der Erde gemäß durch alle
Punkte der Deferenten hindurchgeführt. Mittlere Apsiden sind
die Endpunkte des beweglichen Deferentendurchmessers, der
parallel zur Linie der mittleren Sonnenbewegung, nämlich
zur Geraden vom Mittelpunkt der „großen Bahn" zum
Mittelpunkt der Erde, bewegt wird. Die Apsiden, die in
dem der Erde entgegengesetzten Teil des beweglichen Deferenten sind, wird man mit vollem Recht die oberen, die, welche 10
auf dem näheren sind, die unteren heißen.

Wenn aber die jährliche Bewegung der Erde aufhören würde,
während, wie schon oben gesagt wurde, Venus in neun und
Merkur in nahezu drei Monaten ihren Kreislauf vollenden, so
würde jeder in seinem Zeitraum für uns von der Erde aus
zweimal mit der Sonne in Konjunktion treten, zweimal still-
stehen und zweimal die äußersten Grenzen in den Bögen der
Deferenten berühren, aber einmal als Morgenstern, Abend-
stern, rückläufig, rechtläufig, erdfern und erdnah erscheinen.
Wenn sich nun aber das Auge im Mittelpunkt der „großen 20
Bahn" befände, würden sich gewiß die verschiedenen ungleichmäßigen Eigenbewegungen der Venus und des Merkur in
gleicher Art wie auch bei den übrigen Planeten darbieten;
weil sie nämlich den ganzen Tierkreis durchwandern, würden
sie ja in Opposition zur Sonne treten, und man würde deutlich
sehen, daß sie sich bei ihren übrigen Stellungen nach ihr
richten.

Da wir nun aber in Wirklichkeit weder vom Mittelpunkt
der „großen Bahn" aus die Bewegungen der Sterne betrachten,
noch die Erde von ihrer jährlichen Bewegung ausruht, wird 30
ziemlich klar sein, warum sich dieselben Erscheinungen uns
Erdenbewohnern in so großer Mannigfaltigkeit darstellen.
Venus und Merkur hüpfen in einem der Größe ihrer Bahnen
entsprechend rascheren Lauf der Erde voran, die Erde selbst
folgt ihnen in ihrer Jahresbewegung; die Venus kehrt deshalb
in ungefähr 16 Monaten, Merkur in 4 zur Erde zurück und *

zeigt uns im Laufe dieses Zeitraums immer wieder alle die
Erscheinungen, die Gott von der Erde aus sehen lassen wollte.
Die Linien der eigenen Ungleichmäßigkeiten der Bewegung
schreiten regelmäßig um den Mittelpunkt der „großen Bahn"
und vollenden in der von Gott ihnen vorbestimmten Zeit ihre
Umdrehungen, aber die Linien der wahren Orte, die ja vom
Erdmittelpunkt aus durch Venus und Merkur gezogen sind,
werden in einer ganz anderen Weise herumgeführt, sowohl weil sie von einem Punkt außerhalb der Bahnen jener
10 Planeten ausgehen, als auch weil jener Punkt selbst beweg-
lich ist. Wir glauben, daß Venus und Merkur in ihren Bahnen
dahinschreiten in der Bewegung, in der sie sich nach den
Feststellungen der Alten im Epizykel bewegen, während doch
jene Bewegung nur der Überschuß ist, um den der schnellere
Planet die mittlere Bewegung der Erde oder die der Sonne
übertrifft; diesen Überschuß nennt der H. Lehrer die Bewegung der Kommutation aus ganz den gleichen Gründen, wie
bei den drei oberen Planeten. Und so kommt es, daß alle Erscheinungen der Venus und des Merkur, die auch von der
20 feststehenden Erde aus sichtbar gewesen wären, wegen der
Erdbewegung langsamer wiederkehren, und daß dieselben in
allen Teilen ihrer Deferenten und an allen Orten der Ekliptik
eintreten, so daß ihre verschiedenartigsten Bewegungen beobachtet werden können. Denn wenn die Erde im Sternbild des
Krebses fest gewesen wäre, hätte Ptolemäus keineswegs feststellen können, daß Merkur in der Gegend der Waage und
Venus in der des Stieres die kürzesten Abschweifungen von der
Sonne hatte. Wo immer aber die Erde in ihrer „großen Bahn"
stehen möge, wird uns auch Venus oder Merkur am weitesten
30 von der Sonne entfernt scheinen, wenn sie in den Flanken ihrer
Deferenten festgestellt werden. Da aber die vom Mittelpunkt der
Erde aus gezogenen Linien die Deferenten der Venus und des
Merkur beiderseits schneiden, werden sie in dem in Beziehung
auf die Erde oberen Teil in der Reihenfolge der Tierzeichen
dahinziehen, im unteren und der Erde nächsten aber in der
Gegenrichtung; hier werden sie für die Beobachtung sogar still-

zustehen und zurückzuschreiten scheinen. Weil nämlich in der Rückläufigkeit die Linie des wahren Planetenortes über dem Erdmittelpunkt rückwärts einen Tageswinkel gleich dem der mittleren Bewegung, welche auch die der Erde ist, in der Rechtläufigkeit sogar einen größeren durchläuft usw.: so ist also aus diesen Tatsachen klar, warum man sehen kann, daß Venus und Merkur die Sonne umkreisen. Übrigens ist es sonnenklar, daß die Bahn, welche die Erde trägt, wahrhaftig „groß" genannt wird. Wenn nämlich die Feldherrn wegen glücklicher Führung von Kriegen oder Siegen über Völker 10 den Beinamen „die Großen" angenommen haben, dann verdient sicher auch diese Bahn, daß ihr der erhabenste Name beigelegt wird, weil geradezu sie allein uns zu Mitwissern der Gesetze der himmlischen Politik macht, alle Irrtümer über die Bewegungen verbessert und diesen schönsten Teil der Philosophie wieder in seinen Rang einsetzt. Sie ist deshalb „große Bahn" genannt, weil sie sowohl zu den Bahnen der oberen wie auch zu denen der unteren Planeten eine beachtliche Größe hat, so daß sie die Veranlassung der hauptsächlichsten Erscheinungen wird.   20

ÜBER DIE SICHTBARE ABWEICHUNG
DER PLANETEN VON DER EKLIPTIK

Ferner kann man vor allem bei den Breiten der Planeten sehen, wie richtig es ist, daß dem Träger des Erdmittelpunktes der Name der „Große" zugeschrieben wird. Das verdient außerdem um so größere Bewunderung, je verwickelter und dunkler bekanntlich die Lehren der Alten hierüber gewesen sind. Zwar liefern die Längenbewegungen der Planeten ausgezeichnete Zeugnisse dafür, daß der Erdmittelpunkt die Kreisbahn beschreibt, die wir die „Große" nennen. Aber bei den Breiten 30 der Planeten sind ihre Vorteile, wie wenn sie in helles Rampenlicht gerückt wären, deutlich sichtbar, da sie zwar nirgends von der Ekliptikebene wegtritt, aber doch allemal die vorwiegende Ursache des Unterschieds der scheinbaren Bewegungen in die Breite ist. Du aber, hochgelehrter Herr Schöner, siehst, daß man diese Bahn deshalb mit größter Liebe schildern und besprechen muß, weil sie nach der Darlegung aller Ursachen die ganze Lehre von der Breitenbewegung so kurz und so klar vor Augen stellt.

Es seien zuerst die Deferenten der drei oberen Planeten im Sinne des Ptolemäus gegen die Ekliptik geneigt, ihre Apogäen möge man gegen Norden zu, die Perigäen gegen Süden zu finden, und die Planeten selber sollen in ihren Bahnen so 10 herumgeführt werden, wie der Mond in seinem schiefen Kreis, * aus dessen Ebene er nicht heraustritt. Die Linien der eigenen Ungleichmäßigkeit der Deferenten werden die Drachen der Planeten, wie man sie gewöhnlich nennt, dem Verhalten zur Ekliptik gemäß und die Schnitte den Bewegungen der Planeten gemäß bestimmen, die Linien der wahren Orte aber, welche die obengenannten Linien in den Mittelpunkten der Planeten schneiden und von der Lage des Erdmittelpunktes auf der großen Bahn zum Planeten und der des Planeten selbst in seinem schiefen Kreis abhängen, werden die kleinere und 20* größere Entfernung der wahren Planetenorte von der Linie durch die Mitte der Tierzeichen bemessen nach der Größe der Winkel, die sie mit der Ekliptikebene machen; so fordert es die mathematische Überlegung. Wenn deshalb der Planet in irgendeinem Teil seines Deferenten und seines Epizykels im schiefen Kreis verweilt und der Erdmittelpunkt sich in der vom Planeten entfernteren Hälfte der „großen Bahn" befindet, welche die Alten den oberen Teil des Epizykels nannten, so ist klar, daß die sichtbaren Breiten kleiner werden müssen als der Neigungswinkel des Deferenten gegen die Ekliptik-30 ebene, da in einer solchen Lage des Erdmittelpunktes gegen den Planeten der Winkel der sichtbaren Breite spitziger ist als der Neigungswinkel, weil ja der Innenwinkel spitziger ist als der gegenüberliegende Außenwinkel. Wenn ferner der Erdmittelpunkt zu der dem Planeten näheren Hälfte der „großen Bahn" gelangt, so sieht man dagegen aus ganz und gar den gleichen Gründen die sichtbare Breite größer als den Nei-

gungswinkel und auf der entgegengesetzten Seite, da ja nun
der, welcher vorher gegenüberliegender Außenwinkel war,
Innenwinkel ist. Auch ist das die Ursache, weshalb die Alten
geglaubt haben, daß sich der obere Teil des Epizykels, wenn
der Epizykelmittelpunkt außerhalb der Knoten steht, immer
zwischen der Ebene des Deferenten und der Ekliptik befinde,
die übrige Hälfte sich aber der Seite zuwende, nach welcher
sich die vom Epizykelmittelpunkt besetzte Hälfte des Deferenten neigt, daß aber der Durchmesser des Epizykels, der
durch die mittleren Längen hindurchgeht, parallel zur Ekliptik- 10
ebene einherschreitet, und daß der Planet, wenn der Epizykel
in den Knoten ist, in jedem beliebigen Grad seines Epizykels
keine Breite besitzt; das wird bei den vorliegenden Hypothesen
als richtig erwiesen, wenn der Planet sich in irgendeinem der
Knoten aufhält und die Erde in irgendeinem beliebigen Grad
der „großen Bahn" angetroffen wird. Wenn bei den Hypothesen der Alten der Winkel der Epizykelfläche gegen seinen
Deferenten gleich dem beständigen Neigungswinkel der Deferentenebene und Ekliptik gefunden, d. h. wenn die Epizykelebene immer parallel der Ekliptikebene wahrgenommen worden 20
wäre, würde die vorstehende Lehre der Breiten genügen.

Da in Wirklichkeit die geometrische Untersuchung der
Beobachtungen das Gegenteil davon schließen läßt, wie bei
Ptolemäus im letzten Buch des Almagest zu sehen ist, setzt
der H. Lehrer fest, daß der Neigungswinkel des Deferenten
zur Ekliptikebene durch eine Schwingungsbewegung nach
einem ganz bestimmten Gesetz vergrößert und verkleinert wird,
natürlich unter Beachtung der mittleren Bewegung des Planeten im schiefen Kreis und derjenigen der Erde selber in
der „großen Bahn". Das wird eintreten, wenn in einer Periode 30
der Kommutationsbewegung der Durchmesser, über den die
Schwingung hin- und hergeht, zweimal von den äußersten
Grenzen der Kreisneigung aus, und zwar unter Einhaltung
der Bedingung durchlaufen wird, daß der Neigungswinkel am
größten, daher auch derjenige der sichtbaren Breite größer *
ist, wenn der Planet am Abend aufgeht, daß aber der Neigungs-

winkel am kleinsten und infolgedessen die sichtbare Breite
selber, wie es sich gehört, kleiner ist, wenn er am Morgen
* aufgeht.

Mit alleiniger Ausnahme der Deviation übertreffen aber die
Breitenerscheinungen bei Venus und Merkur die Lehre von
den oberen Planeten durch die Leichtigkeit der Beobachtung.
Wir wollen aber zuerst die Breiten der Venus näher betrachten.
Innerhalb der „großen Bahn" kommt zuerst die Kreisbahn
der Venus. Daher nimmt der H. Lehrer an, daß die Ebene,
10 in welcher sich Venus bewegt, sich von der Ebene der Ekliptik
oder der „großen Bahn" über dem Durchmesser durch die
eigenen Apsiden des ersten Deferenten wegdreht, so daß die
östliche Hälfte aus der ebenen Ekliptikfläche nach Norden,
die westliche Hälfte aber gegen Süden erhoben wird bis zum
Neigungswinkel, den in den Hypothesen des Ptolemäus die
Epizykelebene mit der Deferentenebene einschließen würde.
Unter östlicher Hälfte ist aber die zu verstehen, welche vom
Ort der oberen Apside aus vorwärts gerichtet ist usw. Durch
diese einzige und einfache Hypothese wird man leicht alle
20 Regeln der Deklination und Reflexion mit ihren Ursachen aus
der Stellung des Erdortes zur Planetenebene durchschauen
können. Wenn wir nämlich durch die jährliche Bewegung der
Erde zu den Graden gelangen, die der obersten Apside des
ersten Deferenten gegenüberliegen, und wo nach unserer
Meinung die Bahn der Venus gleichsam ein Epizykel und im
Apogäum seines Deferenten ist, dann wird uns die Ebene,
in der Venus dahinfährt, von der Ekliptikebene aus zurückgedreht erscheinen, denn wir schauen jene in einer solchen
Lage von der Seite an. Und da wir dieselbe Ebene vom un-
30 teren Ort aus betrachten, wird der Teil, der nach Norden
hinaufragt, uns, wenn wir die Augen dem Süden zuwenden,
links, der übrige gegen Süden zu liegende rechts sein. Während
aber die Erde aufwärts gegen die obere Apside des Planeten
voranschreitet, glaubt man, der Kreis der Venus steige vom
Apogäum seines Exzenters herab, und wir fangen an, gerade
auf die geneigte Ebene des Venusdeferenten wie von einem

höher gelegenen Ort hinabzusehen. Daher wird die Reflexion
nach und nach in die Deklination umgewandelt, so daß der
Planet von dem Punkt aus, der vom früheren um einen Viertelskreis entfernt ist, überall in höheren Graden erblickt wird und
nur Deklination gegen die Ekliptik hat. In dieser Lage, wenn
wir Erdbewohner in der Opposition zu der Hälfte des Deferenten, die von der oberen Apside aus rechtläufig und von
der Ekliptikebene aus nach Norden erhöht ist, uns befinden,
sagten die Alten, der Epizykel der Venus sei im absteigenden
Knoten und das Apogäum des Epizykels sei am meisten gegen 10
Norden geneigt, das Perigäum aber gegen Süden. Wenn uns,
die wir schon erhöht stehen, die Erde sodann durch ihre jährliche Bewegung zum Ort der oberen Apside der Venus herauf-
führt, wird ihre Bahn oder ihr Epizykel der unteren Apside
ihres Deferenten zuzustreben scheinen; und wir werden die
Ebene des Epizykels, für uns die Ebene, in welcher der Stern
der Venus sich bewegt, die vorher gegen die Ebene der Ekliptik geneigt war, sich wieder zu uns zurückdrehen sehen,
und die nördliche Hälfte des Deferenten, die aus der Ekliptikebene herausragt, wird die rechte Seite werden, weil wir die 20
Bahn der Venus von oben herab anschauen. Sobald aber der
Mittelpunkt der Erde zur oberen Apside der Venus gelangt
ist, wird man keine Deklination und nur Reflexion erblicken; allerdings wird man ja nach der Meinung der Alten
glauben, die Bahn der Venus sei in der unteren Apside ihres
Deferenten. Das ist also die Reihenfolge der Erscheinungen,
während der Mittelpunkt der Erde eine halbe Umdrehung vollendet, indem er vom Ort der unteren Apside der Venus in
Richtung der Reihenfolge der Tierzeichen zum Ort der oberen
Apside der Venus heraufsteigt. Wenn die Erde hinabsteigt, 30
wird sich für unseren Anblick die Reflexion aus demselben
Grund allmählich in die Deklination umwandeln, und da die
von der oberen Apside aus rückwärts liegende Hälfte des Deferenten bei solchem Fortschreiten der Erde uns gegenübertritt,
beginnt das Apogäum des Venusdeferenten sich von der Ekliptikebene weg nach Süden zu neigen, bis jede der beiden

Hälften gegen die Ekliptikebene Deklination zu haben scheint, wenn die Erde vom Ort der Apside aus im neunzigsten Grad steht und die Bahn oder der Epizykel der Venus in dem zur oberen Apside aufsteigenden Knoten angenommen wird; beim Herabsteigen der Erde von dieser Stelle dürfte sich die Deklination wieder in die Reflexion verwandeln, und nach ihrer Ankunft im Ort der unteren Apside der Venus mag die Erde allmählich wieder die gleichen Breitenerscheinungen bei der Venus vorführen. Aus diesen Ausführungen geht klar hervor,
10 daß die Ebene des Planetendeferenten Reflexion zu besitzen scheint, wenn die Erde in der Nähe der Apsidenlinie der Venus steht, dagegen Deklination, wenn die Erde um Viertelskreise von dieser entfernt ist, daß jedoch in den dazwischenliegenden Orten gemischte Breiten erblickt werden.

Da aber außer diesen Breiten, welche die Alten dem Venusepizykel zugeschrieben haben, noch eine andere, die von den Alten Deviation, von Ptolemäus die Neigung der exzentrischen Kreise genannt wurde, sich mit diesen mischt — und sie haben diese durch den Mittelpunkt des Deferenten des Venusepi-
20 zykels, der nun weggefallen ist, nachgewiesen —, entschied der H. Lehrer, daß ein anderes und mit der Beobachtung mehr übereinstimmendes Verfahren anzuwenden sei. Damit wir auch dieses Verfahren des H. Doktors, meines Lehrers, zur Rettung der Deviation ziemlich leicht ganz wie die übrigen seitherigen Ausführungen verstehen, wollen wir bestimmen: die Ebene, die wir kurz zuvor erwähnt haben, sei die mittlere Ebene und darum fest, von ihr weiche die wahre Ebene nach einem bestimmten Gesetz bald nach der einen, bald nach der anderen Richtung ab. Aber da alle Bewegungen bei der Betrachtung
30 ihrer Pole mit weniger Mühe und Aufwand begriffen werden, muß zuerst festgehalten werden, daß der eine Pol der mittleren Ebene von der Ekliptikebene der Größe des Neigungswinkels entsprechend nach Norden erhoben, der andere aber umgekehrt um ebensoviel nach Süden gerückt wird, und daß das, was wir über den nördlichen Pol und das Geschehen um ihn zeigen werden, in ähnlicher Weise vom südlichen angenommen

werden muß, freilich unter Beachtung des Gesetzes der Umkehrung. Demnach wollen wir annehmen, um den nördlichen
Pol der mittleren Ebene sei ein beweglicher Kreis, dessen Halbmesser den größten Obliquationen der mittleren Ebene gegen
die wahre Ebene entsprechen soll; der nördliche Pol der wahren
Ebene selbst aber soll durch eine Schwingungsbewegung den
Durchmesser des genannten Kreises beschreiben.

Nun aber soll sich ein beweglicher Kreis der Bewegung des
Planeten so anschließen, daß Venus in ihrer Eigenbewegung
einen der beiden einander folgenden Schnitte, welcher es auch 10
sein mag, verläßt, und zwar unter Einhaltung der Regel, daß
sie nach Verlauf eines Jahres schließlich zu dem Ausgangs-
punkt zurückkehrt.

Wenn die Pole, natürlich der wahren und der mittleren Ebene,
voneinander verschieden sind, werden die Knoten oder die
genannten Schnitte dadurch bestimmt, daß man den Großkreis
durch die Pole beider Ebenen legt und von seinem Schnitt
mit der wahren Ebene aus nach beiden Seiten 90 Grad abzählt.

Bei alledem aber soll der Durchmesser des genannten beweglichen Kreises vom Pol der wahren Ebene infolge der 20
Schwingung zweimal beschrieben werden, während der Umlauf
der Venus zu einem der beiden Knoten vollendet wird.

Diese Bewegungen sollen aber so vor sich gehen, daß es
scheint, der Planet habe mit dem Erdmittelpunkt eine Abma-
chung dahin getroffen: so oft die Erde bei den Apsiden des Deferenten ist, soll Venus, wo sie auch in ihrem wahren Deferenten stehen mag, die größte Deviation von der mittleren
Ebene nach Norden haben, d. h. am weitesten über ihrer mittleren Bahn draußen stehen; wenn außerdem die Erde um einen
Viertelskreis von den Deferentenapsiden entfernt ist, soll der 30
Planet selbst mit seiner ganzen wahren Ebene in der Ebene
des mittleren Deferenten liegen; wenn aber die Erde die andern
dazwischenliegenden Orte durchwandert, so soll er selbst seine
Bahn in den Zwischenwerten der Deviation halten. Damit dieser
Pakt zwischen der Erde und dem Planeten beständig sei, hat
Gott angeordnet, daß ein erstes Schwingungskreislein (um mich

so auszudrücken) in derselben Zeit einmal herumgedreht werde,
in der sich ein Umlauf der Venus zu einem der beiden beweglichen Knoten vollzieht. Ein Beispiel möge das klarer
machen: wenn zu irgendeinem Beginn der Deviationsbewegung
der nördliche Pol der wahren Ebene vom Pol der dazugehörigen
mittleren Ebene aus am südlichsten ist, Venus gerade in der
äußersten Grenze der Deviation nach Norden steht und auch
der Erdmittelpunkt in irgendeiner der Apsiden der Venus
verweilt, wird die Erde in einem Vierteljahr durch ihre jähr-
10 liche Bewegung zur Mitte zwischen den Apsiden und in derselben Zeit der Planet zu seinem beweglichen Schnitt oder
Knoten gelangen; und da die Schwingungsbewegung mit der
Bewegung des Planeten gegen die Knoten oder Schnitte zeitlich
übereinstimmt, wird auch das erste Schwingungskreislein einen
Viertelskreis durchlaufen, und mit Hilfe des übrigen Kreisleins,
das doppelt so schnell ist als das andere, wird der Pol der
wahren Ebene in den Pol der mittleren Ebene gestellt werden,
daher werden auch beide Ebenen zusammenfallen.

Wenn aber der Planet von diesem Knoten zurücktritt, wird
20 die Erde zur andern Apside des ersten Exzenters voranschreiten,
und der Pol der wahren Ebene wird durch die Schwingung
vom Pol der mittleren Ebene nach Norden vorrücken. So wird
bewirkt, daß auch, wenn die Venus wie in unserem Beispiel
südlich ist, doch die südliche Breite abnimmt, wenn sie aber
nördlich ist, diese wächst. Sobald der Verlauf der Dinge dahin
gekommen ist, wird der Pol der wahren Ebene infolge der
Schwingungsbewegung die äußerste nördliche Grenze erreichen, und der Planet wird auf seiner jährlichen Wanderung
zu den Knoten in der Mitte zwischen den beiden Schnitten
30 zum zweitenmal die größte Deviation nach Norden haben.
Es ist also klar, daß die Bewegung des angenommenen Kreises
folgende Wirkung hat: Der Umlauf der Venus zu den Knoten
vollzieht sich in einem Jahr, und immer, wenn die Erde in
der Apsidenlinie steht, hat der Planet die größte Abweichung
von der mittleren Ebene, wo immer er auch in seiner wahren
Ebene sein mag, und er ist in den Knoten, wenn die Erde

in der Mitte zwischen den beiden Apsiden steht. Ferner wird durch die Schwingungsbewegung bewirkt, daß beide Ebenen zusammenfallen, wenn Venus in irgendeinem Knoten steht, und daß jener Teil der wahren Ebene, den sie betritt, sich von der mittleren immer nach Norden entfernt, wodurch diese Breite, wie es stimmt, immer nördlich bleibt.

Wie aber die Ebene der Venus, die wir die mittlere zu nennen beliebten, von der Ekliptik in der Apsidenlinie des ersten Exzenters geschnitten wird, und die Hälfte dieser Ebene, die von der oberen Apside aus rechtläufig ist, nach Norden 10 emporragt, während die übrige aber nach dem Gesetz der Umkehrung nach Süden geneigt ist: so gibt es bei Merkur ebenso eine mittlere Ebene, die über der Apsidenlinie, wie es sich schickte, von der Ekliptikebene weg nach beiden Seiten geneigt ist, so daß umgekehrt die Hälfte der mittleren Ebene, die von der oberen Apside aus rückläufig ist, nördlich wird. Daher werden bei dem jährlichen Umlauf des Erdmittelpunktes die Deklinationen und Reflexionen bei Merkur natürlich gegen die Venus vertauscht gefunden werden. Damit aber diese Abweichungen um so klarer wahrzunehmen seien, richtete Gott 20 auch die Deviation der wahren Merkurebene von der mittlern so ein, daß immer die Hälfte, die er betritt, von der mittleren Ebene nach Süden weggeht, und daß er, wenn die Erde bei den Apsiden selber steht, mit seiner wahren Ebene in der mittleren Ebene liegt; dadurch wird schließlich bewerkstelligt, daß er in der Breite außer den angeführten keine Unterschiede von der Venus hat: nur ist auch diese Deviation bei Merkur größer als bei Venus, wie er auch einen größeren Neigungswinkel hat. Übrigens werden die anderen Verschiedenheiten der Breiten des Merkur sehr leicht ganz wie bei Venus er- 30 schlossen werden.

Den ersten Bericht möchte ich schließen mit dem Worte des Dichters:

„Noch sind wir nicht am Ziel, erst halb ist die Müh überstanden;
Werfet die Anker doch hier, hemmet den eilenden Kahn!"

Die Ausarbeitung des zweiten Teils meines Versprechens
werde ich beginnen, sobald ich das ganze Werk meines H.
Lehrers mit der nötigen Hingabe durchgearbeitet habe. Beide
Teile werden Dir, wie ich hoffe, um so willkommener sein,
je klarer Du an den von den Meistern überlieferten Beobachtungen sehen wirst, daß die Hypothesen meines H. Lehrers
so mit den Erscheinungen übereinstimmen, daß sie sogar untereinander wie eine gute Definition mit dem Definierten vertauscht werden können.

10 Hochberühmter und hochgelehrter, in unvergänglicher kindlicher Verehrung geliebter H. Schöner, nun bleibt noch übrig,
daß Du diese meine Arbeit mit all ihren Mängeln gnädig und
wohlwollend aufnimmst; denn obwohl ich gut weiß, was meine
Schultern tragen können und welche Last sie verweigern, hat
doch Deine einzigartige und (um dies Wort zu gebrauchen)
väterliche Liebe zu mir es vermocht, daß ich nicht davor zurückschreckte, diese Riesenarbeit auf mich zu nehmen und Dir
alles, soweit dies möglich war, zu berichten; ich bete zu Gott,
daß er, der Allgütige und Höchste, dies glücklich leiten und
20 mir helfen wolle, daß ich die begonnene Arbeit auf dem richtigen Weg zum vorgesetzten Ziele zu führen vermöge. Wenn
aber irgendein Wort mit etwas jugendlicher Hitze (da ja wir
Jungen nach dem bekannten Wort mehr einen hochgemuten
als brauchbaren Geist besitzen) gesagt worden oder aus Un-
achtsamkeit entfallen wäre, was mit größerem Freimut gegen
die verehrungswürdigen und heiligen alten Lehren gesagt
scheinen könnte, als es vielleicht die Erhabenheit und Würde
des Stoffes forderte, wirst Du sicherlich, worüber bei mir kein
Zweifel besteht, dies gut aufnehmen und mehr auf meine Ge-
30 sinnung gegen Dich schauen als auf das, was ich getan habe.
Ferner möchte ich, daß Du über den hochgelehrten Mann, den
H.Doktor, meinen Lehrer, das feststellst und ganz davon über-
zeugt bist, daß es bei ihm nichts Dringlicheres und Wichtigeres
gibt als in die Fußtapfen des Ptolemäus zu treten, gleichwie
Ptolemäus tat, der den Früheren und viel Älteren gefolgt ist.
Da er aber sah, daß die Erscheinungen, welche den Astro-

nomen beherrschen, und die Mathematik ihn zu manchen
Annahmen gegen seinen Willen zwangen, glaubte er indessen,
es sei Genüge getan, wenn er mit gleicher Kunstfertigkeit wie
Ptolemäus in das gleiche Ziel seine Pfeile richte, wenn auch
der Bogen und die Pfeile aus ganz anderem Holze sind, als
jener nahm, und daß hier jenes Wort anzuwenden sei: „Wer *
die Wissenschaft betreiben will, muß in seinem Geiste frei
sein". Übrigens hält sich mein H. Lehrer ganz und gar fern
von dem, was dem Geist jedes Gutgesinnten, am meisten der
philosophischen Natur widerspricht: so wenig glaubt er, daß 10
er ohne wichtige Gründe und dringende Forderung der Dinge
selber, nur aus einem gewissen Neuerungstrieb heraus so ohne
weiters von den Meinungen der Alten, welche die Wahrheit
vernünftig erforschen, abweichen dürfe. Anders ist sein Alter, *
anders die Würde seines Wesens und der Glanz seiner Gelehrsamkeit, anders schließlich die Hoheit seines Verstandes
und die Größe seines Geistes, als daß ihm ein solcher Gedanke einfallen könnte, der ja doch Kennzeichen wäre eines
jugendlichen Alters oder, um die Worte des Aristoteles zu
gebrauchen, derjenigen, „die sich viel einbilden auf kleine *20
Erkenntnisse", oder hitziger Köpfe, die durch jeden Wind und
die eigenen Antriebe bewegt und geleitet werden, daß sie ohne
inneren Halt alles, was ihnen begegnet, sich zu eigen machen
und mit größter Schärfe verfechten. Jedoch die Wahrheit siege,
es siege die Tüchtigkeit, und immer werde den Künsten ihre
Ehre gezollt, und jeder tüchtige Meister seiner Kunst bringe
ans Licht, was nützt, und vertrete es in einer Form, daß er
als Wahrheitssucher erscheine! Und nie wird der H. Lehrer
das Urteil gutgesinnter und gelehrter Männer, dem er sich
freiwillig zu stellen gedenkt, von sich weisen.   30

LOBLIED AUF PREUSSEN

Pindar feiert in der bekannten Ode, welche der Sage nach
mit goldenen Buchstaben im Tempel der Minerva verewigt
wurde, den Rhodischen Faustkämpfer Diagoras als Olympischen
Sieger und sagt dabei, seine Vaterstadt sei die Tochter der
Venus und die am meisten geliebte Gattin des Sonnengottes;
ferner sagt er, Jupiter habe dort viel Gold regnen lassen, er
habe dies besonders deshalb getan, weil die Einwohner seine
Minerva verehrten: deshalb habe die Göttin selber sie um der
10 Weisheit und Allgemeinbildung willen, die man mit Aufopferung pflegte, berühmt gemacht. Ich für meinen Teil weiß nicht,
ob jemand heutzutage dieses hochberühmte Loblied auf die
Rhodier außerdem auf irgendein Land mit mehr Recht anwenden könnte als auf Preußen (über das ich einige Mitteilungen
zu machen im Sinne habe, weil vielleicht auch Du sie hören
* möchtest). Und ich zweifle nicht, daß man als die Regenten
dieser Gegend dieselben Gestirne finden würde, wenn ein erfahrener Astrologe mit gewissenhafter Sorgfalt die Herrschergestirne dieser so schönen, fruchtbaren und glücklichen Gegend
20* aufsuchen würde. Wie aber Pindar sagt:

Es sagen der Menschen alte
Mären, noch nicht sei,
Als die Erde verteilten Zeus und die Unsterblichen,
Sichtbar auf dem Meere
Rhodos gewesen,
Sondern in den salzigen Tiefen war die Insel verborgen.
Des abwesenden Helios Los aber
Hatte niemand vorgewiesen.
Sie hatten ihn also mit Land unbedacht gelassen,
30 Den reinen Gott.
Als er mahnte, wollte Zeus
Neuverlosung machen;
Doch jener ließ ihn nicht,
Denn drinnen im grauen Meer,
Sagte er selbst,

Sehe er vom Boden hervorwachsen
Ein weidereiches Land,
Lieblich für Menschen und Vieh.

Ohne Zweifel war Preußen einst ebenso vom Meer bedeckt, und welchen treffenderen und naheliegenderen Beweis dafür könnte man anführen als die Tatsache, daß man heute auf dem Festland sehr weit von der Küste entfernt Bernstein findet? Als meerentstiegenes Land fiel es daher auch mit dem gleichen Recht durch der Götter Gnade dem Apoll anheim, und er liebt es jetzt wie einst Rhodos als seine Braut. Der Sonnen- 10 gott kann es doch nicht mit gleich senkrechten Strahlen treffen wie Rhodos? Das gebe ich zu, aber er gleicht diesen Mangel in anderer Weise vielfach aus, und was er in Rhodos durch die senkrechte Richtung der Strahlen hervorbringt, das bewirkt er in Preußen durch sein langes Verweilen über dem Hori- zont. Ferner wird niemand, glaube ich, leugnen, daß der Bernstein ein ganz besonderes Gottesgeschenk ist, mit dem er besonders diese Gegend hat schmücken wollen. Ja, wenn man die edlen Eigenschaften des Bernsteins und seinen Nutzen in der Medizin genau in Erwägung zieht, würde man ihn mit 20 vollem Recht für Apoll geweiht und damit für sein auserlesenes Geschenk halten, das er als köstlichsten Schmuck seiner Braut Preußen in reichlicher Fülle beschert. Und da Apoll außer der Heil- und Wahrsagekunst, die er als erster erfand und pflegte, auch dem Weidwerk eifrig huldigt, scheint er diese Gegend vor allen andern auserwählt zu haben. Und da er vor langer Zeit schon vorhergesehen hat, daß die wilden Türken *
sein Rhodos verwüsten werden, so ist ganz wahrscheinlich, daß er seinen Wohnsitz in diese Gegenden verlegt hat und mit seiner Schwester Diana hierher gewandert ist. Du magst 30 Deine Augen wenden, wohin Du willst: Wenn Du die Wälder betrachtest, Du kannst sie Tiergehege, die bei den Griechen Paradiese heißen, und Bienenweiden nennen, die von Apoll angelegt sind; siehst Du die Gehölze und Felder, die Wild- hegen und Nistplätze darin, die Seen, die Sümpfe und die

Quellen, so könntest Du sagen, sie seien Heiligtümer der Diana und Fischweiher der Götter. Und so hat sie offensichtlich Preußen vor den anderen Gegenden ausgewählt, um in dieses Land als ihren Tierpark außer Hirschen, Damwild, Bären, Wildschweinen und sonstigen derartigen allgemein bekannten wilden Tieren auch noch Ure, Elche, Buckelrinder usw., die man sonst kaum irgendwo in der Welt finden kann, einzuführen. Dabei möchte ich die sehr zahlreichen und ziemlich seltenen Arten von Vögeln und ebenso von Fischen mit Stillschweigen
10 übergehen.

Die Sprößlinge aber, die dem Apoll von seiner Gattin Preußen geschenkt wurden, sind: Königsberg, der Sitz des erlauchtesten Fürsten und Herrn, Herrn Albrecht, des Herzogs von Preußen und Markgrafen von Brandenburg usw., des heutigen Mäzen aller gelehrten und berühmten Männer; Thorn, einst durch seinen Markt, jetzt aber durch seinen Sohn, meinen Lehrer, genugsam berühmt; Danzig, die Metropole Preußens, ausgezeichnet durch die Weisheit und Würde des Senats, durch seinen Reichtum und den Ruhm der neuerstehenden Wissen-
20 schaft; Frauenburg, ein Sammelplatz vieler gelehrter und frommer Männer, berühmt durch seinen ehrwürdigsten Herrn, H. Johannes Dantiskus, den Oberhirten mit der glänzenden Rednergabe und voll höchster Weisheit; Marienburg, die Schatzkammer des durchlauchtigsten Königs von Polen; Elbing, eine alte Siedlung Preußens, die sich die Wissenschaften eine heilige Sorge sein läßt; Kulm, berühmt durch seine Gelehrsamkeit und als die Gemeinde, von der das Kulmer Recht ausging.

Die Schlösser und Burgen könnte man die Paläste und Tempel
30 Apolls nennen, die Gärten, Felder und den ganzen Landstrich aber Lustgärten der Venus, so daß man ihn mit vollem Recht ein Rhodos heißen könnte. Wenn man ferner die Fruchtbarkeit des Landes oder den Liebreiz und die Anmut der ganzen Landschaft recht würdigt, so ist ganz klar, daß Preußen die Tochter der Venus ist. Venus soll dem Meere entstiegen sein, so ist auch Preußen ihre und des Meeres Tochter, und deshalb

liefert es nicht nur so reiche Ernten, daß Holland und See-
land mit Frucht von dort ernährt werden, sondern daß es
gewissermaßen der Fruchtkasten für die Nachbarstaaten sowie
auch für England und Portugal ist. Außer diesem liefert es
andern Ländern in Hülle und Fülle die allerbesten Fischarten
und andere Köstlichkeiten, an denen es Überfluß hat. Übrigens
hat Venus sich der Dinge, die zum Schmuck und Prunk, zu
einem feinen und vornehmen Leben gehören und in diesen
Gegenden nicht wachsen und gewonnen werden können, weil
die Bodenbeschaffenheit es nicht zuläßt, sorglich angenommen 10
und mit Hilfe des Meeres erreicht, daß sie bequem von anders-   *
woher nach Preußen eingeführt werden können. Da dies Dir,
hochgelehrter Schöner, aber zu bekannt ist, als daß ich es
ausführlicher berichten müßte, und da dieses Thema von anderen in ganzen Büchern behandelt wird, so erspare ich   *
mir ein umfangreicheres Loblied.

Nur so viel möchte ich noch anfügen: Wie der preußische
Volksstamm durch die Gunst der Schutzgöttin zahlreich ist,
so ist er auch mit einem vorzüglichen Sinn für höhere Bildung
begabt. Da die Preußen außerdem Minerva durch künstlerische 20
Betätigung aller Art verehren, so läßt ihnen deshalb auch Jupiter seine Güte angedeihen. Denn — um nicht zu reden über
die niedrigeren der Minerva heiligen Künste wie die Baukunst
und die mit ihr verwandten Kunstarten — so liebt man, wie
es sich für heldische Geister geziemt, aus innerster Neigung
die auf dem Erdkreis allenthalben aufblühenden Wissenschaften:
Allen voran der Durchlauchtigste Herzog, dann alle Bischöfe
und Edeln Preußens, welche die höchste Gewalt innehaben,
sowie die Bürgermeister. Und so bemühen sie sich einzeln
und nach gemeinschaftlichem Plan, sie zu fördern und zu ver- 30
breiten. Darum läßt auch Jupiter viel Gold aus rotgelben   *
Wolkenballen regnen, d. h. wie ich es auslege: Da Jupiter,
wie man sagt, Monarchien und Volksstaaten beschützt, wenn
die Großen die Pflege der höheren Bildung, der Wissenschaften
und Künste auf sich nehmen, so zieht Gott dann den Sinn
der Untertanen und gewiß auch den der benachbarten Könige,

Fürsten und Völker gleichsam zu einer goldschimmernden
Wolke zusammen und läßt aus ihr wie goldene Tropfen Frieden
und alle Segnungen des Friedens herabträufeln: den Geist
der Ruhe und die Friedensliebe der Bürger, gute Verfassung der
Stadtgemeinden, Männer der Wissenschaft, ehrbare und gott-
gefällige Kindererziehung, schließlich fromme und reine Aus-
breitung der Religion usw.

* Man erwähnt oft den Schiffbruch des Aristipp, den er bei
der Insel Rhodos erlitten haben soll: Sobald er dabei ans Land
10 geworfen am Gestade einige geometrische Figuren erblickt
hatte, hieß er seine Gefährten guten Mutes sein und rief ihnen
zu, er sehe die Spuren von Menschen. Und sein Glaube täuschte
ihn nicht, denn leicht verschaffte er für sich und die Seinen
bei den gebildeten und tugendliebenden Menschen durch die
Kenntnisse, die er in reichem Maß besaß, was zum Lebens-
unterhalt nötig war. Wohl pflegen die Preußen eifrigst die
Gastfreundschaft, und doch konnte ich, so wahr mir Gott helfe,
hochgelehrter H. Schöner, in diesem Land seither kaum irgend-
eines angesehenen Mannes Haus betreten, ohne entweder schon
20 auf der Schwelle geometrische Figuren zu erblicken oder wahrzunehmen, daß die Liebe zur Geometrie in ihrem Geiste tief
eingewurzelt ist. Daher erweisen sie alle als Männer von vor-
nehmer Gesinnung den Jüngern dieser Wissenschaft alle möglichen Freundlichkeiten und Dienste; sind ja doch rechte
Weisheit und Gelehrsamkeit immer mit Herzensgüte und
Wohlwollen vereint.

Immer wieder wundere ich mich hauptsächlich über die eif-
rigen Bemühungen zweier hochstehender Männer, denn ich
bin mir wohl bewußt, wie dürftig mein wissenschaftliches
30 Rüstzeug ist, und lege mir das richtige Maß an. Der eine
ist der Erlauchte Oberhirte, dessen ich schon eingangs Er-
wähnung getan habe, der hochwürdigste Herr, H. Tidemann
G i e s e , Bischof von Kulm. Seine ehrwürdigen Gnaden haben
* den Chor der Tugenden und der Weisheit, den der Apostel
Paulus bei einem Bischof fordert, in größter Frömmigkeit zur
höchsten Vollendung gebracht, haben auch erkannt, es sei für

den Ruhm Christi von höchster Bedeutung, daß in der Kirche
die richtige Folge der Zeiten und eine sichere Berechnung
und Lehre der Himmelsbewegungen bestehe. Deshalb ließ er
nicht eher nach, den H. Doktor, meinen Lehrer, dessen wissenschaftliche Arbeiten und Kenntnisse er seit vielen Jahren
gründlich kannte, zu ermahnen, dieses Gebiet zu bearbeiten,
bis er ihn dazu gebracht hatte. Da aber der H. Lehrer von
Natur aus mitteilsam war und sah, daß auch die Gemeinschaft
der Gelehrten die Verbesserung der Bewegungen benötigte,
so gab er gerne den Bitten des hochwürdigsten Bischofs und 10
Freundes nach und sagte zu, er wolle astronomische Tafeln
mit neuen Tabellen verfassen, und wenn er zu etwas nutz
wäre, die Allgemeinheit nicht um seine Arbeiten bringen, was
unter anderen auch Johannes Angelus getan hat. Er hatte *
jedoch schon längst klar erkannt, daß die Beobachtungen gewissermaßen auf Grund ihres eigenen Rechts Hypothesen
solcher Art verlangen, daß sie nicht nur die seitherigen Erörterungen und Untersuchungen über die Einrichtung der Bewegungen und Kreisbahnen, die kunstgerecht, wie es nämlich
der Überlieferung und dem allgemeinen Glauben entspricht, 20
durchgeführt sind, vollständig umstoßen, sondern sogar mit
unseren Sinnen in Widerspruch stehen. Deshalb war er der
Meinung, er müsse mehr die Alfonsinischen Gelehrten als den
Ptolemäus nachahmen und Tafeln mit genauen Tabellen ohne
Beweise vorlegen. So würde er folgende Ziele erreichen: Er
würde keinen Streit unter den Philosophen verursachen; die
gewöhnlichen Mathematiker hätten die verbesserte Berechnung
der Bewegungen; die wahren Meister aber, die Jupiter mit
gnädigem Auge angeschaut habe, würden aus den vorgelegten
Zahlen leicht zu den Grundsätzen und Quellen gelangen, aus 30
denen alles abgeleitet ist. (Wie sich die Gelehrten bis heute
noch über die wahre Hypothese der Bewegung des Sternenhimmels aus dem System der Alfonsinischen Gelehrten abmühen
mußten), so werde den wissenschaftlich Gebildeten alles mit
völliger Gewißheit feststehen. Und dennoch werde die Masse
der Astronomen nicht um den Nutzen gebracht, der das ein-

zige von der wissenschaftlichen Erkenntnis unberührte Ziel ihrer Sorgen und Bemühungen ist. Auch halte man dann jene
* Regel der Pythagoräer ein: Man müsse so philosophieren, daß nur den Jüngern der Wissenschaften und den Eingeweihten der Mathematik sich die tiefsten Geheimnisse der Philosophie erschließen usw.

Hier zeigte dann der Hochwürdigste erst recht, dieser sein Dienst an der Allgemeinheit bleibe unvollkommen, wenn er nicht auch die Gründe für seine Tafeln bekannt mache und
10 außerdem nach dem Beispiel des Ptolemäus anfüge, nach welchem Plan oder welchem Verfahren er die mittleren Bewegungen und die Prosthapheresen und die Wurzeln für die Anfänge der Zeitrechnungen aufgesucht, und auf welche Grundtatsachen und Beweise er sich dabei gestützt habe. Dann fügte er weiter hinzu, wie viele Nachteile und wie viele Irrtümer dieses Versäumnis in den Alfonsinischen Tafeln gebracht habe; denn man sei gezwungen, ihre Behauptungen anzunehmen und zu billigen, ganz so wie man in der berühmten Schule
* einst das „Der Meister sagte" gewohnt war, ein Verfahren,
20 das künftig in der Mathematik wenigstens keinen Platz mehr hat.

Da weiterhin diese Grundsätze und Hypothesen zu den Hypothesen der Alten geradezu in diametralem Widerspruch stehen, werde unter den Fachleuten kaum einer sein, der einstmals die Grundsätze der Tafeln durchschauen und sie veröffentlichen könnte, nachdem die Tafeln sich durch ihre Übereinstimmung mit der Wahrheit Anerkennung erworben hätten. Denn hier könne nicht Raum haben, was öfters bei den Regierungen und auch in Beratungen und Staatsgeschäften ge-
30 schieht, daß man die Pläne eine Zeitlang verheimlicht, bis die Untertanen ihre Frucht gekostet haben und so die sichere Hoffnung bieten, daß sie selber die Pläne billigen werden.

Was aber die Philosophen angeht, so werden die einsichtigen und tiefer gebildeten Köpfe die Gedankenfolge der Abhandlung des Aristoteles genauer prüfen und wohl beachten, wie Aristoteles, nachdem er geglaubt hatte, daß er die Un-

beweglichkeit der Erde mit mehreren Gründen bewiesen habe,
schließlich zu jenem Beweisgrund flüchtete: „Dafür zeugen *
auch die Aussagen der Mathematiker über die Sternkunde;
denn trotz einer Veränderung der Stellungen, durch welche
die Anordnung der Gestirne bestimmt wird, verhalten sich
die Erscheinungen, wie wenn die Erde ruhig in der Mitte
läge." Weiterhin werden sie daraus bei sich feststellen: Wenn
man diesen Abschluß den vorausgehenden Ausführungen nicht
folgen lassen kann, so müsse um so mehr die richtige Lehre
der Astronomie aufgesucht werden, wenn nicht Hopfen und 10
Malz verloren sein solle. Deshalb müsse man die geeigneten
Lösungen der übrigen Streitfragen erforschen und unter
Rückgriff auf die Grundsätze mit noch größerer Sorgfalt und
mit gleichem Eifer ganz genau untersuchen, ob es bewiesen
sei, daß der Mittelpunkt der Erde auch der Mittelpunkt des
Weltalls sei, und daß, wenn die Erde in die Höhe der Mondbahn gerückt würde, die losgerissenen Teile der Erde nicht
dem Mittelpunkt ihrer eigenen Kugel zustreben würden,
sondern dem der Welt, da sie doch alle senkrecht auf die Oberfläche der Erde einfallen; ob außerdem die der Erde zugeschrie- 20
benen Kreisbewegungen notwendig gewaltsam seien, während
wir sehen, daß der Magnet eine natürliche Bewegung hat gegen
den Norden, der ebenfalls ein Zeichen der täglichen Umdrehung *
ist; weiterhin ob die drei Bewegungen, die von der Mitte weg,
die zur Mitte hin und die um die Mitte herum, wirklich getrennt
werden können. Das gilt auch von anderen Annahmen, mit
denen Aristoteles wie mit feststehenden Grundsätzen die Meinungen des Timäus und der Pythagoräer zurückwies. Diese
und derartige Fragen werden sie also bei sich genau erwägen,
wenn sie ihr Augenmerk auf das vorzüglichste Ziel der Astro- 30
nomie und auf die Macht und das Wirken Gottes und der
Natur richten wollen.

Wenn daher aber die Gelehrten, wo es auch sein möchte,
gesinnt und entschlossen wären, zu heftig und hartnäckig auf
ihren Grundsätzen zu beharren, dann müsse er — so ermahnte
er den H. Lehrer — sich kein besseres Los wünschen, als es

dem Ptolemäus, dem König dieses Faches, widerfahren sei:
Nachdem Averroes, sonst ein ganz bedeutender Philosoph, zu
dem Schluß gekommen war, daß einerseits die Epizykel und
Exzenter im Schöpfungsplan überhaupt nicht vorkommen
könnten, daß andererseits Ptolemäus nicht gewußt habe, warum
die Alten die Kreisbewegung angenommen hätten, verkündigt
* er schließlich: die Astronomie des Ptolemäus ist in der Wirklichkeit nichts, sondern sie ist nur geeignet für die Rechnung,
nicht für die Wirklichkeit.

10   Übrigens sei das Geschrei der ungelehrten Menschen, welche
die Griechen Leute ohne Sinn für Wissen, Bildung, Philosophie und Geometrie nennen, für nichts zu achten, weil edel-
sinnige Männer sich um solche gar keinen Kummer machen.

Wie ich von Freunden, die alle Vorgänge kennen, erfuhr,
waren es diese und viele andere Gründe, mit denen der fein-
gebildete Bischof endlich bei dem Herrn Lehrer obsiegte, daß
er das Versprechen gab, er werde den Gelehrten und der
Nachwelt das Urteil über seine Arbeiten überlassen. Mit vollem
Recht werden daher die edelsinnigen Männer und Freunde
20 der Mathematik dem hochwürdigsten Herrn von Kulm mit mir
hohen Dank wissen, daß er dem Gemeinwohl diesen großen
Dienst leistete.

Da aber der Oberhirte in seiner unbegrenzten Freigebig-
keit sich seine Liebe zu dieser Wissenschaft etwas kosten läßt
und sie sorgfältig pflegt, besitzt er auch eine solche Armille
aus Bronze zur Beobachtung der Äquinoktien, wie nach einer
Bemerkung des Ptolemäus in Alexandrien zwei, aber etwas
größere vorhanden waren, zu deren Besichtigung die Gelehrten
in Massen aus ganz Griechenland herbeiströmten. Aus England
30* ließ er sich auch eine Stabsonnenuhr herbeischaffen, die wahrhaftig eines fürstlichen Hauses würdig ist und die ich mit
größtem inneren Vergnügen gesehen habe, weil sie von einem
sehr guten Meister und wohlgebildeten Mathematiker her-
gestellt ist.

Ein anderer meiner Gönner ist der achtbare und tüchtige
* Herr Johannes von Werden, Burggraf von Neuenburg usw.,

der Bürgermeister der berühmten Stadt Danzig. Sobald dieser
durch einige Freunde von meinen Studien gehört hatte, ver-
schmähte er es nicht, mir als Unbekanntem seine persönlichen
Grüße zu senden und mich zu bitten, daß ich ihn besuche,
bevor ich Preußen verlasse. Als ich das meinem Herrn Lehrer
mitteilte, da hatte er um meinetwillen eine große Freude und
schilderte mir diesen Herrn so, daß ich meinte, ich werde
geradezu von dem berühmten Achill Homers gerufen. Denn
abgesehen davon, daß er sich in den Künsten des Krieges
und Friedens auszeichnet, pflegt er als Liebling der Musen 10
auch die Musik, bei deren süßestem Wohlklang er seinen Geist
erholt und belebt für die Übernahme und Führung der mühe-
vollen Staatsgeschäfte; er ist wert, daß der allgütige und allmächtige Gott ihn zum Hirten der Völker gemacht hat; und
glücklich ist der Staat, an dessen Spitze Gott solche Verwalter
gesetzt hat.

Sokrates verurteilt im Phaedon die Meinung jener, welche *
die Seele Harmonie genannt haben, und dies mit Recht, wenn
sie nichts außer der Verbindung der Elemente im Körper
meinen. Wenn sie aber die Seele deshalb als Harmonie näher 20
bestimmt haben, weil neben Gott nur allein der menschliche
Geist Harmonie empfindet, wie auch dieser allein zählt, weshalb
einige sich auch nicht gescheut haben, ihn Zahl zu nennen; *
wenn sie es ferner auch taten, weil sie sahen, daß mitunter
Seelen durch das Spiel der Musiker von den schwersten Krank-
heiten geheilt werden, so wird, scheint mir, die Meinung, daß
die Seele des Menschen, besonders die des heroischen Menschen,
Harmonie genannt werden könnte, nicht schädlich sein. Deshalb wird man mit Recht die Staaten glücklich preisen, deren
Herrscher harmonische Seelen, d. h. philosophische Naturen *30
besitzen. Eine solche hat sicher jener Scythe nicht gehabt, der *
lieber dem Wiehern eines Pferdes zuhören wollte, als dem ausgezeichnetsten Musiker, dem andere fort und fort staunend
lauschten. Möchte das Schicksal daher allen Königen, Fürsten,
Bischöfen und den anderen Vornehmen der Staaten Seelen aus
dem Mischkrug der harmonischen Seelen schenken, und ich

würde dann nicht zweifeln, daß alle diese schönsten Wissenschaften, alles, was um seiner selbst willen erstrebenswert ist,
die gebührende Achtung finden würden.

Hochgelehrter Herr, ich glaubte, Dir vorerst so viel von den
Hypothesen meines H. Lehrers, von Preußen und von meinen
Gönnern schreiben zu müssen. Lebe wohl, hochgelehrter Herr,
und halte es nicht unter Deiner Würde, meine Studien durch
Deine Ratschläge zu leiten! Du weißt ja, daß wir jungen Leute
gar sehr die Ratschläge der älteren und klügeren Herren brau-
10 chen, und Dir ist ja auch jener alte Sinnspruch der Griechen
* nicht unbekannt: „Die Ratschläge der Älteren sind die besten".

> Aus meiner Klause zu Ermland,
> am 3. September im Jahre des Herrn
> 1539

NACHBERICHT

S. 27 Z. 10. Es handelt sich um Heraklea bei Magnesia in Lydien; es ist also der Magnetstein gemeint.

S. 30 Z. 2. Der Adressat des Briefes, Johannes Schöner, war am 16. Januar 1477 in Karlstadt am Main geboren. Er war Geistlicher an verschiedenen Orten der Diözese Bamberg und beschäftigte sich mit der Beobachtung der Mittagssonnenhöhe Bambergs, stellte Sonnenuhren, Erd- und Himmelskugeln her. Im Jahre 1526 wurde er auf Empfehlung Melanchthons Mathematiklehrer am Nürnberger Gymnasium. Er wurde vor allem durch die Herausgabe der in Nürnberg noch vorhandenen Werke Regiomontans, die in den Jahren 1533 bis 1544 erschienen, in der damaligen Gelehrtenwelt als erster astronomischer Sachkenner Deutschlands bekannt, obwohl eigene Sternbeobachtungen von ihm nicht nachzuweisen sind. Denn die beiden Merkurbeobachtungen, die ihm Kopernikus in Kreisbewegungen Buch V, 30 zuschreibt, stammen aus einer Zeit, zu der Schöner noch nicht in Nürnberg war. Rhetikus besuchte Schöner mindestens dreimal: im Jahre 1535, kurz vor seiner Reise nach Frauenburg 1539 und 1542, als er die Drucklegung des Kopernikanischen Hauptwerkes einleitete.

S. 30 Z. 13. Tidemann Giese war der treueste Freund des Kopernikus, der sich um die Vollendung und Herausgabe seines Werkes die größten Verdienste erworben hat. Er stammte aus einer einem alten Brabanter Geschlecht entsprungenen Danziger Familie und ist am 1. Juni 1480 geboren. Noch sehr jung begann er seine Studien in Leipzig und setzte sie in Basel, wo er zum Magister befördert wurde, und wohl auch auf italienischen Universitäten fort. Schließlich hatte er sich nach Krakau gewandt. Zwischen 1502 und 1504 wurde er in das Frauenburger Domkapitel aufgenommen, in dem er bald eines der angesehensten Mitglieder war. Von 1510 bis 1515 verwaltete er das Amt Allenstein. Unter seinem bischöflichen Oheim Johannes Ferber war er Domkustos und Generalvikar der Diözese. Als nach dem Tode des Oheims auf Wunsch des polnischen Königs Sigismund Johannes Dantiskus von Rom als ermländischer Bischof bestätigt worden war, wurde Giese, den das Ermländer Kapitel als Nachfolger gewünscht hatte, mit der Mitra von Kulm geschmückt. Er nahm auf dem Schlosse Löbau Wohnung, wo ihn Kopernikus mit seinem Gast Rhetikus besuchte. Nach dem Tode des Dantiskus wurde ihm 1547 das Bistum Ermland übertragen, das mit dem Vorsitz im preußischen Landtag verbunden war. Zwei Jahre darnach starb er. Seit seiner Rückkehr aus Allenstein hatte sich jenes innige und dauernde Freundschaftsverhältnis zu Kopernikus herausgebildet, das in frohen und bekümmerten Tagen bis zum Tod des Kopernikus durchhielt; selbst sein Grab wählte sich der Bischof an der Seite des befreundeten Prälaten im Dom zu Frauenburg. Obwohl Gieses Studien der Theologie galten, nahm er von Anfang an regsten Anteil an den astronomischen Arbeiten des Freundes; er bestärkte ihn in seinem Schaffenseifer und überredete ihn schließlich, seine Bedenken gegen die Veröffentlichung des Werkes fallen zu lassen, wobei ihn Rhetikus eifrig unterstützte.

S. 30 Z. 23. Regiomontan (Johannes Müller) nannte sich so nach seinem Geburtsort, dem Städtchen Königsberg in Franken, wo er am 6. VI. 1436 das Licht der Welt erblickt hatte. Schon vor Vollendung seines 14. Lebensjahres hat er einen Kalender berechnet. Der Ruf Peuerbachs zog ihn nach Wien, wo er Schüler und später der Gehilfe dieses Astronomen wurde. Nach dessen Tod ging er nach Italien, von 1468—1471 hielt er sich teils in Wien, teils in Budapest auf, um sich dann in Nürnberg niederzulassen. Seine vielseitige Begabung betätigte sich neben sprachlichen Studien vor allem auf dem Gebiet der Algebra und Trigonometrie sowie der Physik. Sein Hauptgebiet war aber die Astronomie; er berechnete die Ephemeriden für 1475—1506 und vollendete die Epitome, die sein Lehrer begonnen hatte. Um die Astronomie von Grund auf zu erneuern, errichtete er in Nürnberg mit großzügiger Unterstützung durch den Patrizier Bernhard

Walther die erste deutsche Sternwarte. Vom Papst Sixtus IV.
zur Vorbereitung der Kalenderreform nach Rom berufen, starb
er dort bald nach seiner Ankunft am 6. Juli 1476 an der Pest.

S. 30 Z. 24. Claudius Ptolemäus lebte und wirkte um das
Jahr 140 n. Chr. in Alexandrien. Einzelheiten aus seinem Leben
kennen wir nicht, er ist berühmt durch seine astronomischen
und geographischen Arbeiten. In der Astronomie stützte er
sich auf die Vorarbeiten des Hipparch nicht nur in der Sonnen-
und Mondtheorie, sondern auch bei seinem Sternkatalog. Die
Berechnung der Mondörter verbesserte er durch die Einführung
eines Epizykels auf dem Exzenter des Hipparch. Mit demselben Mittel gelang ihm auch die Beschreibung der Planetenbewegungen mit einer für die damaligen Verhältnisse hin-
reichenden Genauigkeit. Da er sich wie Hipparch auf die geozentrischen Anschauungen stützte, verhalf er diesem Weltbild
endgültig zum Sieg, und sein Lehrbuch der Astronomie, der
Almagest, in dem das gesamte damalige Wissen über die
Sternenwelt enthalten ist, blieb 1½ Jahrtausende die Grundlage aller astronomischen Studien der abendländischen Kultur-
welt.

S. 31 Z. 32. Leopold Prowe spricht in seinem „Nikolaus Coppernicus" die Vermutung aus, daß sich diese Stelle auf den geplanten zweiten Bericht beziehe. Dieser ist in den späteren
Teilen des Briefes mehrfach erwähnt (S. 49/20, 81/23, 91/10,
107/1). Auch das Widmungsschreiben des Gassarus an Vögelin
(S. 28/30) erwähnt ihn. Rhetikus stellt aber immer nur solche
Teile für diesen zweiten Bericht zurück, über die er zur Zeit
der Abfassung des ersten noch keine volle Klarheit hatte. Das
trifft aber nach seiner unzweideutigen Angabe nicht auf die
ersten beiden Bücher der Kreisbewegungen zu. Sicher beschäftigte ihn aber damals schon der Gedanke, den trigonometrischen Teil des ersten Buches mit den von ihm selbst
erweiterten Sinustafeln im Druck erscheinen zu lassen. Gleich
nach seiner Rückkehr nach Wittenberg erschien dieser auch
schon (s. S. 3/31), und die Drucküberwachung war ab-
geschlossen, als er Anfang Mai 1542 (das Empfehlungs-

schreiben an Veit Dieterich, das Melanchthon dem Rhetikus mitgegeben hat, ist vom 2. Mai 1542 datiert) nach Nürnberg abreiste. Da die ganze spätere Lebensarbeit des Rhetikus dem Ausbau der Trigonometrie gewidmet blieb, ist die Annahme gestattet, daß das Interesse des jungen Mathematikprofessors schon vor der Frauenburger Reise auf dieses Gebiet gerichtet war, und daß der besondere Plan eben die Herausgabe der Trigonometrie, nicht den zweiten Bericht betrifft. Der letztere ist nie bekannt geworden und nach der Vermutung Prowes überhaupt nicht erschienen, weil er durch die Herausgabe der Kreisbewegungen des Kopernikus überflüssig wurde.

S. 32 Z. 11. Dominikus Maria de Novara von Ferrara (1454—1504) war seit 1483 Professor der Astronomie und Astrologie in Bologna und hatte sich rasch den Ruf eines geistreichen Lehrers, scharfsinnigen Forschers und geschickten Beobachters erworben. Er war ein kühner und freier Geist, der vor Abweichungen von der hergebrachten Lehre nicht zurückschreckte, wie aus seiner Annahme, daß sich die Pole der Erde verlagert hätten, ersichtlich ist. Kopernikus hat sich gleich nach seiner Ankunft in Bologna an ihn angeschlossen und mit ihm zusammen am 9. März 1497 jene Beobachtung der Bedeckung des Aldebaran durch den Mond gemacht, die er in Kap. 27 des vierten Buches der Kreisbewegungen verwendet. In der Vorrede des Rhetikus zu den Ephemeriden von 1551 wird von Kopernikus gesagt: „Er hatte mit dem Bologneser Dominikus Maria zusammengelebt, seine Berechnungen kennengelernt und seine Beobachtungen unterstützt." (s. L. Prowe N. Coppernicus, II. Bd. Urkunden S. 390.) Da es nicht selten vorkam, daß die schlecht besoldeten Professoren Schüler in ihr Haus aufnahmen, kann diese Bemerkung dahin gedeutet werden, daß Kopernikus im Hause des Novara Wohnung genommen hatte. Auf alle Fälle hat Dominikus Maria auf den Geist des jungen Deutschen einen nachhaltigen Einfluß ausgeübt. Er hat dem Kopernikus auch manche Lehren des Regiomontan übermittelt, sagt er doch selbst von sich, Regiomontan sei sein Lehrer gewesen. Wie weit aber Koper-

nikus in die Gedanken des Regiomontan durch ihn Einblick
bekam, läßt sich nicht mehr nachprüfen.

S. 32 Z. 17 ff. Gleich der Bericht über die Kap. II—IX des
dritten Buches der Kreisbewegungen gibt dem Rhetikus Gelegenheit, an einer der reizvollsten Lösungen zu zeigen, wie
scharfsichtig und feinsinnig Kopernikus auch im verworrensten
Zahlenmaterial Regel und Ordnung aufzuspüren weiß. Er
betrifft die Frage der Bewegung der sogenannten achten Sphäre
oder der Fixsternkugel. Die Beobachtungen der Jahrhunderte
hatten eine ganz unregelmäßige Vorrückungsweise ergeben, und
die ganze mittelalterliche Astronomie hatte sich vergebens
bemüht, das Gesetz dieser Bewegungen nachzuweisen. Bei der
Wiedergabe der Kopernikanischen Gedankengänge hält Rhetikus zunächst an den herkömmlichen Anschauungen fest, nach
der sich die Fixsternkugel bewegt, während Kopernikus in
den Kreisbewegungen sofort die Bewegung des Frühlingspunktes einführt. Es ist mindestens möglich, wenn nicht sogar
wahrscheinlich, daß Rhetikus seine Darstellung den mündlichen
Erzählungen des Meisters entnommen hat, und daß Kopernikus die Lösung des Problems zuerst ebenfalls in der Bewegung der Fixsternkugel gesucht hatte und erst durch den
Lauf seiner Untersuchungen auf die Bewegung des Frühlingspunktes geführt worden ist.

Nach den in der Einleitung geschilderten Grundsätzen des
Kopernikus mußte man sich die Bewegung eines Fixsterns des
Tierkreises folgendermaßen denken: Der Mittelpunkt M eines
Epizykels (s. Fig. 1) wird dem Tierkreis entlang mit einer kon-
stanten jährlichen Geschwindigkeit v vorwärts, d. h. in gleicher

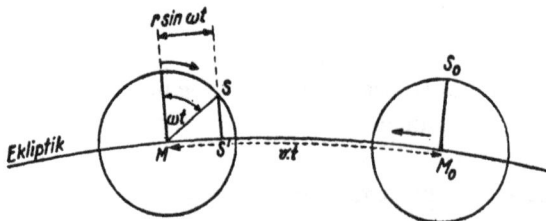

Fig. 1

Richtung wie die Sonne bewegt. Gleichzeitig dreht sich der Epizykel selber, der in der Ebene des Tierkreises liegt, als der Kreis der Ungleichmäßigkeit, ebenfalls mit unveränderlicher Geschwindigkeit ω um diesen wandernden Mittelpunkt, aber im umgekehrten Drehsinn. In einem Punkt des Epizykelumfangs haftet der Stern S selber fest. Nimmt man nun an, daß er in der Anfangslage das Apogäum S_0 einnimmt und von der Erde aus im Punkt M_0 der Ekliptik gesehen wird, dann wird M in t Jahren um die Strecke $M_0 M = vt$ ostwärts weiter rücken, während S im Epizykel gegen Westen zu um den Winkel ωt gedreht wird. Man sieht also den Stern S nach t Jahren von der Erde aus im Schnittpunkt des Strahls Erde—Stern mit dem Tierkreis, also im Punkt S'. Da die Erde im Mittelpunkt der Welt angenommen wird, steht dieser Strahl auf der Ekliptik senkrecht, außerdem kann der in Frage kommende Ekliptikbogen als gerade angesehen werden. Also wird der beobachtete Weg des Sterns:

$$M_0 S' = s = vt - r \sin \omega t \quad \dots \dots \dots (1)$$

wenn r den Halbmesser des Epizykels bezeichnet. Die momentane Geschwindigkeit wird dann sein:

$$\frac{ds}{dt} = v - r\omega \cos \omega t \quad \dots \dots \dots (2)$$

Hieraus ergibt sich (Fig. 2): In der Anfangslage hat der Stern S' die kleinste beobachtete Geschwindigkeit, weil der

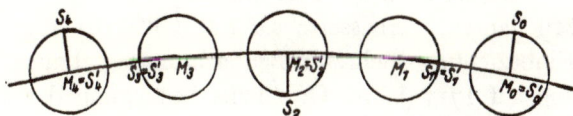

Fig. 2

in einem Jahr vom Punkt S_0 aus zurückgelegte Epizykelbogen sich unverkürzt auf den Tierkreis projiziert und deshalb unvermindert von dem Jahresweg v des Mittelpunktes M abgezogen wird, so daß in dieser Lage die Geschwindigkeit $v - r\omega$ beträgt. Je weiter sich der Epizykel dreht, je größer also der Winkel ωt wird, desto mehr wird dieser Jahresbogen durch die Projektion verkürzt, desto größer wird also die Geschwindigkeit, so daß sie gleich v wird, wenn der Epizykel um einen Viertelskreis gedreht ist. Wenn der Winkel ωt, den wir mit Kopernikus Anomalie nennen wollen, größer als 90 Grad geworden ist, dann nimmt die Projektion des Jahresbogens die Richtung von v selber an und wird infolgedessen zur mittleren Geschwindigkeit addiert. Daher wächst die beobachtete Geschwindigkeit bis zum Betrag von $v + r\omega$ an, wenn die Anomalie 180 Grad geworden ist. Im dritten Quadranten wird die Projektion der Jahresbögen wieder kleiner, bis die beobachtete Geschwindigkeit bei 270 Grad wieder gleich der mittleren Geschwindigkeit geworden ist. Beim Überschreiten der 270 Grad wird zugleich die Richtung der Projektion des Jahresbogens umgekehrt, so daß von hier an die mittlere Geschwindigkeit wieder verkleinert wird, bis die beobachtete Geschwindigkeit nach einem vollen Umlauf der Anomalie wieder ihren kleinsten Wert erreicht.

Während eines Umlaufs der Anomalie nimmt die beobachtete Geschwindigkeit also zweimal einen mittleren, einmal einen höchsten und einmal einen geringsten Wert an. Um ein Maß für die Geschwindigkeit der Fixsternbewegungen zu erhalten, berechnete Kopernikus zuerst die Anzahl der Jahre, welche die Sterne zum Durchlaufen eines einzigen Tierkreisgrades zwischen den einzelnen Beobachtungen benötigten. Aus diesen Werten schloß er dann auf eine Umlaufperiode der Anomalie von 1819 Jahren, verbesserte sie mit Hilfe der regula falsi unter Einbeziehung mehrerer Beobachtungsergebnisse in die Rechnung auf 1717 Jahre. Durch die Festlegung der Periode war die Winkelgeschwindigkeit ω der Epizykeldrehung bestimmt und die mittlere Geschwindigkeit v ergab sich als die Durchschnittsgeschwindigkeit der Fixsterne aus einer beliebig gewählten Zeitspanne von 1717 Jahren. Hierauf ergab sich aus jeder Einzelbeobachtung auch noch der Halbmesser r des Epizykels oder die sogenannte „größte Gleichung". Während er zuerst angenommen hatte, daß der Anfang der

Anomalie in die Mitte zwischen Timochares und Ptolemäus fiel, konnte er zuletzt aus den Abweichungen der Beobachtungsergebnisse von den mit dieser Annahme errechneten Werten schließen, daß dieser Anfang auf das Jahr 64 vor Christi Geburt zu legen ist.

S. 32 Z. 26. Timochares gilt als erster Astronom, der eigentliche Beobachtungen angestellt hat. Er benützte wahrscheinlich ein der Armille ähnliches Instrument, das einen festen Äquatorkreis und einen zu diesem senkrechten beweglichen Kreis besaß; er soll mit seinem Zeitgenossen Aristyll in Alexandrien beobachtet und einen ersten Sternkatalog angelegt haben. Seine Beobachtungen fallen in die ersten Jahrzehnte nach 300 v. Chr. Kopernikus verwendete seine 2 Spikabeobachtungen aus den Jahren 293 und 282.

S. 32 Z. 31. Um den in Unordnung geratenen Kalender wieder richtigzustellen, so daß das Jahr wieder mit der Sommersonnenwende begann, hat Kalippus vorgeschlagen, einen Zyklus von 12759 Tagen einzuführen und diesen in 76 Jahre bzw. 499 Monate zu je 30 Tagen und 441 Monate zu je 29 Tagen einzuteilen. Diese sog. Kalippusperioden begannen am 28. 6. 330 v. Chr.; das 36. Jahr der ersten Kalippusperiode fällt also auf 294/3, das 48. aber auf 282/1 v. Chr.

S. 32 Z. 34. Hipparch ist um 190 v. Chr. geboren; auch sein Geburtsort ist nicht sicher bekannt. Er stammt entweder aus Nikäa in Bithynien oder nach anderen Nachrichten aus der Insel Rhodos, wo er den größten Teil seines Lebens mit Beobachtungen und Berechnungen beschäftigt zubrachte. Zeitenweise lebte er auch zu Alexandrien in Ägypten, wo er seine Studien gemacht hatte. Seine Werke sind verlorengegangen bis auf ein Jugendwerk, in dem er das ἔνοπτρον und die φαινόμενα des Eudoxos und das Lehrgedicht des Aratus, des Leibarztes des mazedonischen Königs Antiochus (um 270), das in der Hauptsache den in Versen gefaßten Inhalt der beiden genannten Werke des Eudoxos enthielt, erläuterte. Seine Leistungen sind uns hauptsächlich durch die Berichte des Ptolemäus bekannt. Er entdeckte als geschickter und gewissenhafter

Beobachter, daß die Jahreszeiten ungleiche Längen besitzen und leitete daraus die Exzentrizität der Sonnenbahn ab. Auch gelang es ihm, mit Hilfe der gleichmäßigen Bewegung der Sonne in ihrem Kreis, die er Anomalie nannte, die von der Erde aus sichtbaren Sonnenorte zu berechnen. Für die Mondbewegung führte er ebenfalls einen Exzenterkreis ein, den er noch um den Mittelpunkt der Erde drehbar dachte, und verbesserte so die Mondtheorie wesentlich. Auch die Mehrzahl der Angaben des Ptolemäischen Sternkatalogs stammen von Hipparch, der sich zur Festlegung der Sternörter schon der Länge und Breite bediente. Ferner entdeckte er die Präzession, die er für konstant hielt. Seine Rechenverfahren zeigen schon Verwandtschaft mit der Trigonometrie. Alle diese Leistungen trugen ihm bei den Griechen den Beinamen „Vater der Astronomie" ein; in der Tat ist er durch sie der Begründer der wissenschaftlichen Astronomie geworden. Über seine näheren Lebensumstände ist nichts bekannt; er starb um 125 v. Chr.

S. 32 Z. 34. Der Alexandriner Menelaus lebte um 80 n. Chr. in Rom. Er ist der Verfasser eines Werkes über Kugelberechnung mit dem Titel σφαιρικά, das uns in Übersetzungen erhalten ist und schon die wichtigsten Sätze über die Seiten und Winkel der sphärischen Dreiecke enthält. Er war auch als Himmelsbeobachter tätig.

S. 33 Z. 8. Die Angaben dieses Abschnitts sind dem Kap. 3 des 7. Buches des Almagest entnommen.

S. 33 Z. 14. Albategnius, ein arabischer Fürstensohn, wurde im Jahr 850 n. Chr. in Batan in Mesopotamien geboren und starb um 928. Er gilt als der größte arabische Astronom. Er zeichnete sich durch gute Beobachtungen und geschickte Rechnung aus und hat die Zahlen des Ptolemäus vielfach verbessert. Die Bewegung des Apogäums der Sonne hat er als erster entdeckt. In seinem „liber de motu stellarum" teilte er viele Beobachtungen mit. In die Rechnung führte er die halben Sehnen der doppelten Bögen, die später die Bezeichnung Sinus erhalten haben, ein.

S. 33 Z. 22. Siehe Kop. de rev. orb. cael. lib. III cap. 6 (Thorner Jubiläumsausgabe S. 169ff); Albategnius de motu stell. cap. 27 und 28; Ptol. Almagest lib. 7 cap. 2 (Heiberg II S. 12ff).

S. 34 Z. 10. Abweichend von der Stoffgliederung der „Kreisbewegungen" schiebt hier Rhetikus schon einige allgemeine Ausführungen ein über die Veränderlichkeit des tropischen Jahres, d. h. der Zeit zwischen zwei aufeinanderfolgenden Eintritten der Sonne in den Frühlingspunkt. Da von diesem Ereignis, bei dem die Sonne von der südlichen Halbkugel des Himmels in die nördliche übertritt, der Wechsel der Jahreszeiten abhängt, ist dies das bürgerliche Jahr. Diese teilweise Vorwegnahme eines später eingehend zu behandelnden Stoffes nimmt Rhetikus vor in der Absicht, den Leser gleich von vornherein für die neue Himmelslehre zu gewinnen, indem er ihm zeigt, wie ungezwungen und natürlich sie gerade die schwierigsten und brennendsten Fragen der damaligen Astronomie zu lösen vermag.

Zu diesen zählte das Problem der Jahresdauer, seitdem die Frage der Kalenderreform aufgeworfen worden war. Der Julianische Kalender hatte bekanntlich das Jahr auf 365 ¼ Tage berechnet, indem er nach jedem dritten Jahr ein Schaltjahr mit 366 Tagen einschob, und das Konzil zu Nicäa (325) hatte bestimmt, daß die Frühlingsnachtgleiche immer auf den 21. März fallen sollte. In Wirklichkeit ist aber das tropische Jahr um einige Minuten kleiner als 365 ¼ Tage, und infolgedessen hat sich die Frühlingsnachtgleiche im Laufe der Jahrhunderte immer weiter vorgeschoben, so daß das Osterfest immer weiter gegen den Jahresanfang vorrückte. Schon der Doctor mirabilis, Roger Baco (1214—1294), hatte deshalb eine Kalenderreform vorgeschlagen. Als nun noch der Kardinallegat Pierre D'Ailly auf dem Konzil zu Konstanz (1414) und Nikolaus von Kusa auf dem von Basel (1436) ganz bestimmte Besserungsvorschläge gemacht hatten, kam die Frage nicht mehr zur Ruhe, und da sowohl kirchliche wie bürgerliche Interessen in Frage standen, hatten ihr gelehrte und ungelehrte Herrn, geistliche und weltliche Würdenträger ihre Aufmerksamkeit gewidmet, ohne daß es zu einer Lösung gekommen wäre. Papst Sixtus IV. berief schließlich im Jahre 1475 Regiomontan, den bekanntesten Astronomen der Zeit, nach Rom, um ihn mit den Vorarbeiten für die Reform zu betrauen. Aber der frühe Tod dieses genialen Gelehrten verhinderte wiederum ihr Zustandekommen. Im Jahre 1516 setzte das Laterankonzil eine Kommission für die Kalenderreform ein; ihr Vorsitzender, Paul von Middelburg, der Bischof von Sempronia, ersuchte Kopernikus um seine Mitarbeit, erhielt aber eine Absage, weil der gründliche Forscher sich im damaligen Augenblick noch keinen durchgreifenden Erfolg versprechen konnte, da die Gesetze der Jahresdauer und die Ursachen ihrer Änderungen noch nicht genau untersucht waren. Die verbrieften Beobachtungen hatten nämlich ergeben, daß die Dauer des tropischen Jahres verschiedenen unregelmäßigen Veränderungen unterworfen war. Auf die Erforschung ihrer Größen und Ursachen blieb aber von da an, wie Kopernikus in seiner Vorrede an Papst Paul III. selber berichtet, sein ganzes Sinnen und Trachten gerichtet.

Der Vergleich der Zeitpunkte, für die der Eintritt der Nachtgleichen und Sonnwenden von den besten Astronomen festgestellt worden war, ergab für das tropische Jahr Fehlbeträge an den 365¼ Tagen, die im gleichen Rhythmus wie die Geschwindigkeit der Präzession ab- und zunahmen. Bleibt man bei der früheren Vorstellung der Bewegung der Fixsternkugel, dann sind 2 Fälle möglich:

Entweder die Fixsternkugel reißt alles, was sie umfaßt, wie bei ihrer täglichen Rotation mit sich, also auch die Sonnenbahn und mit ihr den Frühlingspunkt, oder aber sie beeinflußt die unter ihr liegenden Bahnen und Bewegungen überhaupt nicht, so daß der Frühlingspunkt im absoluten Raum ruht und die Sonne in ihrer Bahn nur mit ihrer Eigenbewegung fortschreitet. In beiden Fällen hätte die Bewegung der Fixsternkugel keinerlei Einfluß auf die Umlaufszeit zwischen zwei Durchgängen der Sonne durch den Frühlingspunkt. Der durch die Beobachtungen erwiesene Sachverhalt könnte nur da-

durch hervorgebracht werden, daß die Sonne von der Fixsternkugel mitgeführt würde, während der Frühlingspunkt im absoluten Raum feststände. Eine solche Annahme steht mit der
Forderung des Kopernikus an die Einheitlichkeit und die Harmonie des Weltgefüges in so krassem Widerspruch, daß er
sie beim Aufbau seines Weltsystems nicht ernstlich in Erwägung ziehen konnte, zumal bei der Annahme des ruhenden
Fixsternhimmels und der Rückwärtsbewegung des Frühlingspunktes alle diese Zusammenhänge ihre ungezwungene und
restlose Aufklärung finden; denn der Tierkreisbogen, den die
Sonne von einem Frühlingseintritt zum nächsten in ihrer gleichförmigen Bewegung durchläuft, wird jeweils um den Betrag
dieses Zurückweichens des Frühlingspunktes verkürzt. Es
entspricht daher ganz dem Denken des Kopernikus, wenn
Rhetikus folgert, „daß sich die Nachtgleichen wie die Knoten
beim Mond rückwärts bewegen und keinesfalls die Sterne in
der Folge der Tierzeichen weiterrücken", und wir dürfen annehmen, daß Rhetikus uns dabei den Weg führt, den Kopernikus bei der Suche nach der Erklärung der Präzession selber
gegangen ist.

Nachdem so der Anschluß an die Kopernikanische Prä-
zessionslehre gewonnen ist, schildert Rhetikus jetzt erst ihren
Mechanismus, erwähnt, daß auch die historischen Angaben über
die Fixsternlängen, die vom Frühlingspunkt aus gemessen sind,
die gleichen Änderungen zeigen müssen wie die Präzession
selber, weist darauf hin, daß nur das siderische Jahr Gleichmäßigkeit aufweisen kann und daß tatsächlich die historischen
Bestimmungen der Dauer des siderischen Jahres nur solche
gegenseitige Abweichungen zeigen, die innerhalb der jewei-
ligen Beobachtungsfehler liegen, und betont zum Schluß noch
einmal, daß die rätselhaften Zeitausfälle zwischen den verschiedenen Nachtgleichebeobachtungen durch die Lehre des Kopernikus ihre restlose Aufklärung finden.

S. 34 Z. 13. Statt Timochares muß es hier, wie schon Maestlin
verbessert, Hipparch heißen (s. Kop. Kreisbewegungen Buch 3
Kap. 13 Jub.-Ausg. S. 192 Z. 14ff).

S. 35 Z. 32. Arzahel lebte um 1080 in Toledo und war ein fleißiger Beobachter. Von ihm stammen die Tabulae Toledanae, die den Alfonsinischen Tafeln zugrunde liegen. Berühmt ist seine Bestimmung des Apogäums geworden. Albategnius hatte die Länge des Apogäums um etwa 4 Grad zu groß erhalten, und nach der richtigeren Beobachtung des Arzahel schien das Apogäum seine Bewegungsrichtung umgekehrt zu haben. Das gab dann Anlaß zu der sog. Trepidationstheorie, nach der das Apogäum hin und her schwanken sollte.

S. 35 Z. 32. In der ersten Ausgabe stand hier 12 Grad. Mästlin hat die Zahl schon verbessert, und die Jubiläumsausgabe der Kreisbewegungen hat ebenfalls 19, obwohl die Herausgeber betonen, die Mästlinsche Fassung nicht eingesehen zu haben.

S. 36 Z. 9ff. Rhetikus weist darauf hin, daß ein Fehler in der Zeitbestimmung, also beim Stundenwinkel, bei dem vier Zeitminuten einen Bogengrad ausmachen, auch die errechneten Rektaszensionen und Längen um Beträge ändert, die von der geographischen Breite des Beobachtungsortes abhängen.

S. 37 Z. 20. Kopernikus sagt in den Kreisbewegungen Buch 3 Kap. 2, Prophatius habe die Deklination fast um 2 Minuten kleiner gefunden als Arzahel. Mästlin und die Thorner Jubiläumsausgabe haben daher 32 Minuten; ebenso Prowe (Nic. Coppernicus II S. 302); die Erstausgabe aber 25.

S. 37 Z. 23. Die Thorner Jubiläumsausgabe (S. 451) und Prowe (l. c. S. 302) haben 400, Mästlin hat 300 (s. auch Kop. Kreisbewegungen Buch 3 Kap. 6, Jub.-Ausg. S. 169 ff).

S. 38 Z. 4. Diese Bemerkung will schon hier den Leser auf die Möglichkeit hinweisen, die Präzessionsbewegung wie die der Schiefenänderung durch eine Bewegung der Erdpole zu erklären.

S. 38 Z. 10. Während die von Kopernikus errechnete durchschnittliche Präzessionsgeschwindigkeit dem heute geltenden Wert von $50'', 2524 + 0'', 00227$ ($t-1850$) (t Jahreszahl n. Chr.) erstaunlich nahe kommt, sind seine Schwankungen mit der Periode 1717 Jahre heute gegenstandslos und stehen mit den Nutationen und ihrer 19jährigen Periode in keinem Zusammenhang. Diese hätten mit der damaligen Beobachtungsgenauigkeit nicht entdeckt werden können. Nachdem nun aber Kopernikus aus dem ihm zur Verfügung stehenden Zahlenmaterial die 1717jährige Periode der Präzession herausgerechnet hatte, ließ er sich durch das Zusammenfallen der kleinsten Änderungen der Schiefebeträge mit der kleinsten Präzessionsgeschwindigkeit zu der Annahme der doppelt so langen Schiefenperiode verleiten. Das ganzzahlige Verhältnis ließ ihn über die Unzulänglichkeit seines Zahlenmaterials hinwegsehen. So errechnet er den Unterschied zwischen den beiden größten Ausschlägen dieser Schiefenschwingung auf 24 Minuten zwischen $23^0 52'$ und $23^0 28'$, während man heute auf Grund der Berechnungen von Lagrange die Schwankungen auf eine Spanne zwischen $27\frac{1}{2}^0$ und $21\frac{1}{2}^0$ ausdehnt und eine Periode von über 50000 Jahren annimmt. Mögen die Einzelergebnisse auch falsch sein, so zeigen doch die Ableitungen eine bewundernswerte Meisterschaft in der Auswertung vorhandener Beobachtungsreihen, und die Zurückführung dieser Schwingungen auf solche der Pole bekundet einen genialen und treffsicheren Blick für mechanische Zusammenhänge.

S. 38 Z. 22. Aus der ungleichen Dauer der Jahreszeiten hatte Hipparch geschlossen, daß die Erde sich nicht im Mittelpunkt der Sonnenbahn befinde; Ptolemäus berechnete die Exzentrizität auf 414 Zehntausendstel des Sonnenbahnhalbmessers und fand das Apogäum $24\frac{1}{2}$ Grad vor der Sommersonnenwende. Nach seinem Bericht hatte Hipparch dieselben Größen für diese Bestimmungsstücke der Sonnenbahn festgestellt und deshalb hielt er sie für konstant. Aber schon Albategnius fand die Exzentrizität gleich 346 Zehntausendstel des Halbmessers der Sonnenbahn und das Apogäum 7 Grad 43 Minuten vor dem Sommersolstitium, der Spanier Arzahel die gleiche Exzentrizität, das Apogäum aber 12 Grad 10 Minuten vor dem Sommersolstitium. Zur Erklärung dieser Ergebnisse hatte man die sog. Trepidationstheorie erfunden, die den Sternen eine vor- und rückwärtsschreitende Bewegung zuschrieb, aber bald eine heftige Bekämpfung erfuhr. So wurde die Frage der Änderung der Exzentrizität und der Bewegung des Apogäums eines der umstrittensten Probleme des Mittelalters. Um auch diese schwierige Frage einer Lösung entgegenzuführen, beobachtete Kopernikus jahrzehntelang die Dauer der Jahreszeiten aufs genaueste und bestimmte zur Kontrolle die Lage des Apogäums nach einer von Regiomontan angegebenen Methode aus der Beobachtung weiterer Punkte des Tierkreises, die genauer festgestellt werden konnten als die Sonnwendpunkte. Es ergab sich eine Exzentrizität von knapp 323 Zehntausendstel des Sonnenbahnhalbmessers und als Ort des Apogäums 6²/₃ Grad hinter der Sommersonnwende.

Da diese Zahlen in keiner Weise in einen gesetzmäßigen Zusammenhang gebracht werden konnten, schloß sich Kopernikus den Kritikern an den Ergebnissen des Albategnius und Arzahel an, obwohl er beide für sorgfältige Beobachter erklärte. Es sind drei Gründe, die ihn dazu veranlaßten: Da sich die Deklination in der Umgebung der Sonnwendpunkte nur sehr wenig ändert, kann man der Genauigkeit ihrer Festlegung mit den einfachen Beobachtungsmitteln des Mittelalters kein großes Vertrauen entgegenbringen. Außerdem hängt die Bestimmung des Apogäums, das aus den Unterschieden der Jahreszeiten errechnet wird, von sehr kleinen Größen ab, so daß ein Fehler von einer Bogenminute schon einen Fehler von einem ganzen Grad beim Apogäum und von 5 bis 6 Grad in den Quadranten verursacht, und schließlich waren auch die Mittel zur Zeitmessung sehr ungenau. Daher sah Kopernikus nur den allgemeinen Verlauf der Apogäumsbewegung und der Exzentrizitätsänderungen als gesichert an. Dieser stellte sich ihm folgendermaßen dar: In der Zeit unmittelbar vor Ptolemäus war die Bewegung der Apsiden sehr langsam, so daß sie überhaupt nicht bemerkt wurde, nach ihm wurde sie bis Albategnius schneller; diese Beschleunigung ging nach Arzahel weiter und hatte zu seiner Zeit ihren Abschluß noch nicht gefunden. Nun deckte sich dieser Verlauf zeitlich mit dem der Schiefenänderung der Sonnenbahn. Deswegen drängte sich ihm der Gedanke auf, daß diese beiden Bewegungen in

einem inneren Zusammenhang stehen. Aus diesem Grunde
nahm er für die Änderungen der Geschwindigkeit der Apogäumsbewegung die gleiche Periode an wie für die Schiefenänderung, nämlich 3434 Jahre. Auch die Untersuchung der
Apogäen bei den Planeten lieferte ihm ein gleiches Bild von
diesen Bewegungen. Er erklärte dann die Erscheinungen im
heliozentrischen System durch folgende zusammengesetzte Bewegung:

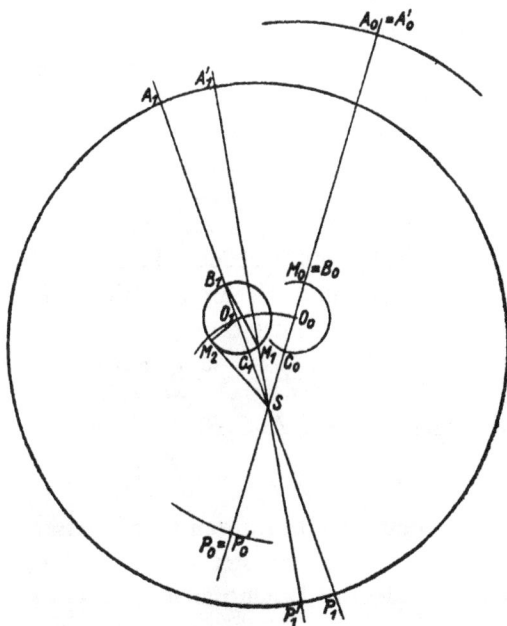

Fig. 3

Eine gedachte mittlere Apsidenlinie AP (Fig. 3) dreht sich
langsam, aber gleichmäßig um die Sonne S, und um sie pendelt
die wahre Apsidenlinie $A'P'$ hin und her, weil sich der Mittelpunkt M der Erdbahn in einem kleinen Kreis gleichmäßig
rückwärts dreht; der Mittelpunkt O dieses kleinen Kreises
liegt auf der mittleren Apsidenlinie in der Nähe der Sonne
und wird von dieser bei ihrer Bewegung mitgeführt. Im Jahre 64

v. Chr. fiel das sichtbare Apogäum mit dem mittleren zusammen, und der Mittelpunkt der Erdbahn durchläuft diesen
kleinen Kreis in 3434 Jahren. In der obigen Figur kennzeichnet
der Index $_0$ den Stand vom Jahre 64 v. Chr. und der Index $_1$
den vom Jahre 1515 n. Chr. Dann ist der Bogen $B_1 M_1$ also
gleich $\dfrac{360 \cdot 1580}{3434}$ Grad oder 165 Grad 39 Minuten. Die Länge
$SM_0 = SB_1$ ist 414, SM_1 323 Zehntausendstel des Erdbahnhalbmessers. Daraus bestimmt nun Kopernikus den Halbmesser
des kleinen Kreises durch folgende Rechnung:

Da der Bogen $B_1 M_1$ 165 Grad 39 Minuten beträgt, bleiben
für den Halbkreisrest $M_1 C_1$ noch 14 Grad 21 Minuten und
der Winkel $SB_1 M_1$ ist 7 Grad 10½ Minuten; zieht man nun
noch $B_1 M_1$, dann ist in dem Dreieck $SM_1 B_1$:

$$\sin SM_1 B_1 = \frac{SB_1 \sin SB_1 M_1}{SM_1} \quad \ldots \ldots \ldots \quad (3)$$

Der Winkel $SM_1 B_1$ muß größer sein als 90 Grad, er ist
also eindeutig bestimmt und mit ihm der Winkel $B_1 SM_1$. Dann
ist wiederum nach dem Sinussatz:

$$B_1 M_1 = \frac{SB_1 \sin B_1 SM_1}{\sin SM_1 B_1} = \frac{SM_1 \sin B_1 SM_1}{\sin SB_1 M_1} \quad \ldots \ldots \quad (4$$

Im rechtwinkligen Dreieck $M_1 C_1 B_1$ ist dann:

$$B_1 C_1 = \frac{B_1 M_1}{\sin M_1 C_1 B_1} = \frac{B_1 M_1}{\cos SB_1 M_1} \quad \ldots \ldots \quad (5)$$

Die Zahlenrechnung ergibt für den Durchmesser des kleinen
Kreises $B_1 C_1$ 96 Zehntausendstel des Erdbahnhalbmessers;
somit beträgt die kleinste Exzentrizität SM_1 318 gleiche Einheiten.

Nun bestimmt die Tangente von S an den kleinen Kreis
die größte Prosthapherese. Der Berührpunkt sei M_2, der Mittelpunkt des kleinen Kreises O_1, dann ist im rechtwinkligen
Dreieck $M_2 SO_1$:

$$\sin M_2 SO_1 = \frac{M_2 O_1}{SO_1} = \frac{96}{368} \quad \ldots \ldots \ldots \quad (6)$$

Die größte Prosthapherese wird also 7 Grad 38 Minuten,
und man kann nun für jeden Zeitpunkt die Prosthapherese
und die Exzentrizität berechnen.

Die Zahlen des Rhetikus weichen von den obigen, die dem Kapitel 21 des dritten Buches der Kreisbewegungen (Jub.-Ausg. S. 219 ff; beachte das Fehlerverzeichnis) entnommen sind, etwas ab. Kopernikus, der ein unbegrenztes Vertrauen zu allen Angaben des Ptolemäus bis in seine letzten Jahre rettete, hatte seiner Angabe, daß er die gleichen Werte errechne, die Hipparch gefunden hatte, ursprünglich blind geglaubt und daher die größte Exzentrizität für Hipparchs Zeiten gleich 414 Zehntausendstel angenommen. Eine Nachrechnung der Hipparchischen Beobachtungszahlen, die er später angestellt hat, zeigte aber, daß die Exzentrizität des Hipparch 417 Zehntausendstel betrug. Der Durchmesser des kleinen Kreises erfährt dadurch keine merkliche Veränderung. Während in die Tabellen der größere Exzentrizitätswert aufgenommen wurde, sind die Zahlen in dem offenbar schon früher verfaßten Text nicht mehr geändert worden.

S. 39 Z. 27. Da die Länge von dem Nachtgleichepunkt aus gezählt wurde, mußten die Zahlenangaben für die Apogäen infolge der Präzession größer werden, so daß die Apogäen nach hinten zu rücken schienen.

S. 40 Z. 5. Die erste Ausgabe hatte 269.

S. 40 Z. 27. Als echtes Kind seiner Zeit, die überall engste Beziehungen zwischen dem Geschehen im Makrokosmos der Sternenwelt und dem Mikrokosmos irdischer Schicksale suchte und fand, weist der gelehrte Briefschreiber, der auch in seinem späteren Leben dem astrologischen Glauben huldigte, darauf hin, daß das Entstehen und Vergehen der großen geschichtlichen Monarchien auf Zeiten fiel, in denen der Mittelpunkt der Erdbahn sich in einem ausgezeichneten Punkt dieses kleinen Kreises befand, und er will daraus auf den bevorstehenden Untergang des muhammedanischen Reiches schließen. Dieser Exkurs in das astrologische Gebiet gibt ihm nebenbei die Gelegenheit, nach Humanistenart sein Wissen in Fächern, die der Mathematik und Astronomie fernliegen, zu zeigen und damit seine umfassende Bildung zu beweisen. Er will aber vor allem auch den Empfänger des Schreibens, dessen astrologische Liebhabereien bekannt waren, für die neue Lehre durch den Hinweis gewinnen, daß durch sie die Aussicht auf ganz neue Wege und Hilfsmittel der astrologischen Deutung eröffnet wird.

Koyré glaubt, auch diesen Abschnitt auf eine Eingebung des Meisters zurückführen zu müssen. Wenn man auch nicht annehmen kann, daß Kopernikus vom astrologischen Wahn seiner Zeit vollkommen frei geblieben ist, so widerspricht diese Annahme doch allzusehr der großen Vorsicht, die Kopernikus bei allen unsicheren Fragen walten ließ. Auch der Stil des ganzen Abschnitts hebt sich von den über die Kopernikanische Lehre berichtenden Teilen sehr deutlich ab und kennzeichnet die Ausführungen als persönliche Meinung des Verfassers.

S. 42 Z. 33. Befindet sich die Erde bei einer Mondfinsternis im Punkt E (Fig. 4) und ist S der Ort der Sonne, dann trifft der Strahl ES die Fixsternkugel im gleichen Punkt B wie die Parallele zu ihm durch den Mittelpunkt der Erdbahn M, weil MS gegen den Halbmesser der Fixsternkugel verschwindend klein ist. Der Winkel ESM $= \sigma$ hat ebensoviel Winkelgrade als der Abstand des Sonnenorts B vom Ort des Perigäums P' Bogengrade zählt. Der Abstand des Sonnenorts B vom Ort der gleichmäßig durch den Tierkreis wandernden mittleren

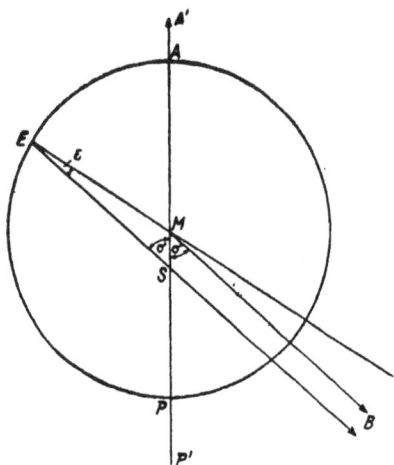

Fig. 4

Sonne, die auf der Geraden EM steht, wird dann bestimmt durch den Winkel $SEM = \varepsilon$. In dem Dreieck SEM ist nach dem Sinussatz:

$$\frac{\sin \varepsilon}{\sin \sigma} = \frac{SM}{EM} \quad \text{oder:} \quad \sin \varepsilon = \frac{SM \cdot \sin \sigma}{EM} \quad \ldots \ldots \quad (7)$$

Somit ist:

$$\varepsilon = \text{arc sin} \frac{SM \sin \sigma}{EM} \quad \cdots \cdots \cdots \quad (8)$$

Da für die Zeit von wenigen Jahren sowohl der Erdbahnhalbmesser EM wie auch die Exzentrizität SM als konstant angesehen werden kann, ist die Prosthapherese eine Funktion von σ. Dann ist

$$\frac{d\varepsilon}{d\sigma} = \frac{SM \cos \sigma}{EM \sqrt{1 - \left(\frac{SM \sin \sigma}{EM}\right)^2}} \quad \cdots \cdots \cdots \quad (9)$$

Aus der Schlußformel ergibt sich, daß nur 346 Zehntausendstel eines Fehlers in der Bestimmung von σ, der neben einem Meßfehler von höchstens 10 Minuten bei der Richtung von ES noch durch eine fehlerhafte Bestimmung des Apogäumsortes verursacht sein kann, bei den Prosthapheresen auftreten, wenn sich die Erde auf der wahren Apsidenlinie befindet; dagegen ergibt die Rechnung gar keinen Einfluß auf die Prosthapherese, wenn σ 90 oder 270 Grad beträgt. Diese Tatsache ergab sich ohne weiteres aus der Prosthapheresentafel des Kopernikus, die sich von denen des Ptolemäus nicht unterscheidet. Daher kann eine Finsternis an solchen Orten auch erhebliche Fehler in der Bestimmung des Apogäums nicht aufdecken.

S. 43 Z. 20. Die Summe aus den 25 Sekunden und der jährlichen Präzession von etwas über 50 Sekunden.

S. 43 Z. 31. Mästlin schreibt 13½ Grad.

S. 45 Z. 1. Pico de la Mirandola ist als Sohn des Grafen von Mirandola am 28. Febr. 1465 geboren. Er galt als Geistesphänomen: er vereinigte eine treffliche Urteilskraft mit einem ans Wunderbare grenzenden Gedächtnis. Schon mit 14 Jahren studierte er in Bologna das kanonische Recht, wandte sich dann an der Sorbonne in Paris der scholastischen Philosophie zu, wurde aber nicht voll von ihr befriedigt. Mit 20 Jahren kehrte er nach Florenz zurück und schloß sich der platonischen Richtung der dortigen Akademie an. Im Streben, die Lehren Platos auf Vorbilder bei den Juden zurückzuführen, studierte er die heiligen Schriften dieses Volkes und wurde dabei auch mit dem kabbalistischen Schrifttum bekannt. Manche kabbalistischen Ideen schlugen in seinem Geiste Wurzeln. Dagegen war er ein heftiger Gegner der Astrologie, gegen sie sind die „Disputationum adversus astrologos libri duodecim" und die „Versio et confutatio centiloquii Ptolemaei" gerichtet. Von seinen sonstigen zahlreichen Schriften hat noch „De vera temporum supputatione" astronomischen Einschlag.

S. 45 Z. 10. Nachdem sämtliche Bewegungen der Erde und ihrer Bahn behandelt sind, kann die Dauer des Jahres untersucht werden. Schon S. 36 Z. 20 ist angeführt worden, daß das siderische Jahr gleich bleibt. Rhetikus erwähnt nicht, daß Kopernikus auf die Unterschiede hinweist, die nach seiner Theorie auch den siderischen Jahren im Laufe der Zeit anhaften müssen und die bis zu ungefähr 9 Tagesminuten anwachsen können. Da zwischen dem längsten und kürzesten siderischen Jahr 1717 Jahre liegen müssen, hält er diese Unterschiede nicht für erwähnenswert.

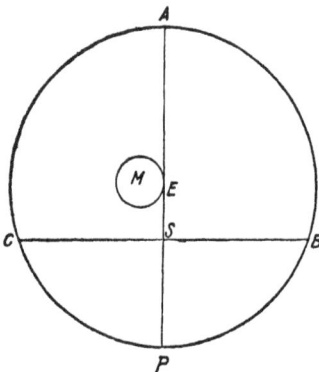

Fig. 5

Die Gründe für die ungleiche Dauer der tropischen Jahre sind nach der Kopernikanischen Theorie folgende:

1. Die Präzession verkürzt den Weg der Sonne auf der Ekliptik im tropischen Jahr um ungleiche Bögen.

2. Infolge der Exzentrizität ES (Fig. 5) durchläuft die Sonne am Himmel den einen Halbkreis, während die Erde den Bogen BAC zurücklegt, den andern aber, während die Erde den kürzeren Bogen CPB vollendet. Die Sonne hat also ihre größte Geschwindigkeit, wenn die Erde in P steht, ihre kleinste sehen wir aber, wenn wir uns in A befinden. Der Präzessionsbogen rückt im Laufe der Zeit durch den ganzen Kreis und wird

infolgedessen von der Sonne mit ungleichen Geschwindigkeiten durchschritten.

3. Der Erdbahnmittelpunkt E wird mit gleichmäßiger Geschwindigkeit um den Mittelpunkt M des kleinen Kreises
herumgedreht und verursacht dadurch ungleichmäßige Änderungen der Exzentrizität. Das ruft ungleichmäßige Veränderungen des Verhältnisses der Bögen BAC und CPB hervor, durch
welche die Geschwindigkeit der sichtbaren Sonnenbewegung
von neuem abgeändert wird.

4. Da sich nun auch noch die Linie SM gleichmäßig um
den Sonnenmittelpunkt dreht, rücken die Apsiden ungleichmäßig im Tierkreis vor. Dadurch wird auch noch die Reihenfolge, in welcher die einzelnen Geschwindigkeitsphasen auf
die Präzessionsbögen fallen, gestört, so daß sich nochmals eine
Ungleichmäßigkeit den andern überlagert.

S. 45 Z. 25. Mästlin schreibt: „Daß sich die Fixsterne gleichmäßig vorwärts bewegen" und gleich darauf: „und nicht
wahrnehmen konnte, daß die Exzentrizität abnimmt".

S. 45 Z. 28 ff. Wenn man annimmt, daß der Frühlingspunkt
und das Apogäum sich gleichförmig bewegen, dann bleibt
als Ursache für die Ungleichmäßigkeit des Jahres nur
noch die Verschiedenheit der
Geschwindigkeit, mit welcher
der Präzessionsbogen durchschritten wird. Diese aber
hat zwei Ursachen: Ist nämlich im Ptolemäischen Weltsystem (s. Fig. 6) M der
Mittelpunkt der Sonnenbahn,
E die Erde, S die Sonne,
A das Apogäum und P das Perigäum, dann gibt der Winkel
ESM den Unterschied zwischen der vom Apogäum A aus
gemessenen mittleren Bewegung der Sonne oder dem Winkel

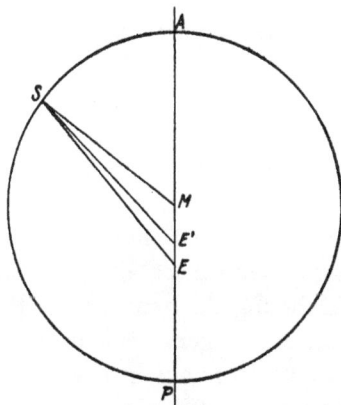

Fig. 6

AMS und der von *A* aus gemessenen wahren Bewegung oder dem Winkel *AES*; Winkel *ESM* ist also der Winkel der Abweichung von der mittleren Bewegung. Bei festbleibender Exzentrizität *EM* ist dieser Winkel abhängig vom Bogen *AS*. Die jährliche Präzessionsstrecke wird also von der Sonne mit wechselnden Geschwindigkeiten durchlaufen, die durch den Abstand des Frühlingspunktes vom Apogäum bestimmt werden. Rhetikus will noch zugeben, daß diese Änderungen für die damalige Zeit unter der Genauigkeitsgrenze der Beobachtungen gelegen seien, so daß sie nicht aufgedeckt werden konnten. Ferner ist aber der Winkel *ESM* auch abhängig vom Wert der Exzentrizität *EM*. Ändert sich diese, wird sie z. B. gleich *E′M*, das kleiner ist als *EM*, so wird auch der Winkel *E′SM* kleiner sein als Winkel *ESM*. Nun hatten die Astronomen aber bei der Sonne eine erhebliche Exzentrizitätsänderung unzweifelhaft festgestellt, und Rhetikus macht ihnen zum Vorwurf, daß sie die Folgerung aus dieser Tatsache nicht gezogen haben. Anders liegen dagegen die Verhältnisse beim Mond, wenn man die von seinem mittleren Apogäum aus gemessenen Umläufe betrachtet, weil die Exzentrizität der Mondbahn als konstant betrachtet wurde.

S. 46 Z. 7. Marcus von Benevent war ein Coelestinermönch in Neapel; von ihm erschien eine Schrift über die Nachtgleichen und gegen Albertus Pighius.

S. 47 Z. 10. Die in den folgenden drei Abschnitten angeführten Zahlen sind so sehr abgekürzt und ausgeglichen, daß es unmöglich ist, die Rechnung nachzuprüfen. Man muß der Rechnung die genauen Zahlen, die Kopernikus errechnet hat, zugrunde legen. Zählt man die Ekliptikgrade vom ersten Stern des Widders aus in der Richtung der Sonnen- bzw. der Erdbewegung, dann fiel im Jahre 64 v. Chr. der wahre Frühlingspunkt mit dem mittleren im Punkt 355 Grad 22 Minuten, das wahre Apogäum mit dem mittleren im Punkt 60 Grad 52 Minuten zusammen. Infolgedessen zählen wir die Jahre von diesem Zeitpunkt an, so daß die Zeit vorher negativ wird. Auf Grund der Gleichung 1 S. 125 erhält man dann als Ort der wahren Nachtgleiche, wenn die Richtung der Erdbewegung positives Vorzeichen bedeutet, den Punkt:

$$F = 355 \frac{22}{60} + \frac{vt}{60 \cdot 60} - \frac{r}{60} \sin \omega t \text{ Grad} \quad \ldots \ldots (10)$$

wobei t in ägyptischen Jahren zu je 365 Tagen gegeben ist, $v = -50{,}20139$ Bogensekunden (rückwärts), $r = 70$ Bogenminuten und $\omega = \frac{360}{1717}$ Grad beträgt.

Zur Berechnung des Winkels der Ungleichmäßigkeit für die in Frage kommenden Herbstnachtgleichen ist der Abstand der Nachtgleichen von der wahren Apsidenlinie nötig. Das mitt-

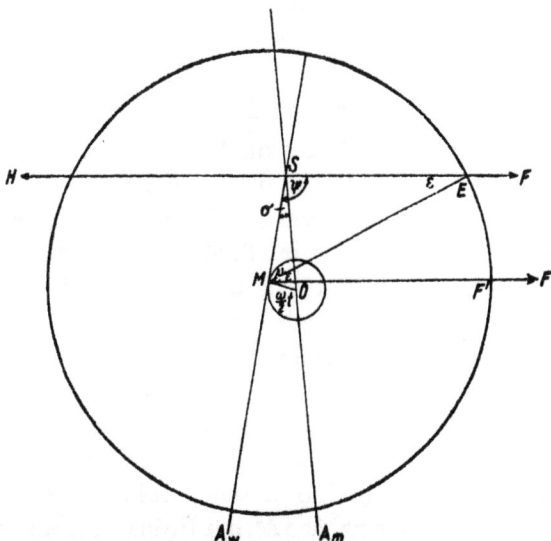

Fig. 7

lere Apogäum bewegt sich nach Kopernikus mit einer Geschwindigkeit von $w = 24{,}3372$ Bogensekunden (vorwärts), somit ist der Ort des mittleren Apogäums zur Zeit t im Punkt:

$$Am = 60 \frac{52}{60} + \frac{wt}{60 \cdot 60} \text{ Grad} \quad \ldots \ldots (11)$$

Weil der Mittelpunkt M der Erdbahn (s. Fig. 7) in 3434 Jahren den kleinen Kreis um O rückwärts durchläuft, sich also mit der Geschwindigkeit $\frac{\omega}{2}$ rückläufig bewegt, wird das wahre Apogäum um den Winkel $OSM = \sigma$ zurückversetzt, so daß es sich im Punkt

$$Aw = 60 \frac{52}{60} + \frac{\omega t}{60 \cdot 60} - \sigma \quad \text{Grad}$$

befindet.

In dem Dreieck OSM ist SO 369 und OM 48 Zehntausendstel des Erdbahnhalbmessers. Bezeichnet man noch den Winkel SMO mit μ, dann ist $\angle (\sigma + \mu) = \angle MOAm = \frac{\omega t}{2}$ (Außenwinkel). Mit Hilfe der Neperschen Gleichungen erhält man dann:

$$\tan \tfrac{1}{2}(\mu - \sigma) = \tan \tfrac{1}{2}(\mu + \sigma) \cdot \frac{369 - 48}{369 + 48} = \tan \tfrac{1}{4}\omega t \cdot \frac{321}{417} \quad \dots (12)$$

Aus $\tfrac{1}{2}(\mu + \sigma)$ und $\tfrac{1}{2}(\mu - \sigma)$ erhält man μ und σ und mit dem Sinussatz die Exzentrizität SM.

Wir sehen von der Erde aus die Sonne im Herbstpunkt H, wenn die Erde in dem Punkt der Erdbahn, in welchem der Strahl SF von der Sonne S zum Frühlingspunkt der Ekliptik F die Erdbahn schneidet, also im Punkt E steht, während der dem Frühlingspunkt der Ekliptik entsprechende Punkt F' der Erdbahn auf ihrem Schnitt mit dem Strahl MF liegt. Da der Abstand SM gegen den Halbmesser der Fixsternkugel verschwindend klein ist, wird MF' parallel zu SE. Dann ist $\angle SEM = \angle F'ME = \angle \varepsilon$ als Wechselwinkel an Parallelen. Die Erde muß also den Punkt F' um den Bogen $F'E$ überschreiten, wenn die Herbstnachtgleiche eintreten soll. In dem Dreieck SME ist nun die Exzentrizität SM, der Erdbahnhalbmesser ME gleich 10000 Teilen und der Winkel $ESM = \psi$ bekannt, weil er Stufenwinkel zu $F'MA$, dem Mittelpunktswinkel des Bogens AF (Abstand des Apogäums vom Frühlingspunkt) ist. Somit ist Winkel ε nach dem Sinussatz bestimmt:

$$\sin \varepsilon = \frac{SM}{ME} \sin \psi \quad \dots \dots \dots (13)$$

In folgender Tabelle sind die Ergebnisse der Rechnung für die Beobachtungen des Hipparch, Ptolemäus und Albategnius zusammengestellt.

	Hipparch	Ptolemäus	Albategnius	Kopernikus
vt	$+1°9'29''$	$-2°49'9''$	$-13°11'12''$	$-22°1'55''$
m. Frühlgsp. $= Fm$	$356°31'29''$	$352°32'53''$	$342°10'48''$	$333°30'5''$
$r\sin\omega t = FFm$	$+20'57''$	$-47'11''$	$+21'56''$	$+33'40''$
w. Frühlgsp. $= F$	$356°10'42''$	$353°20'4''$	$341°18'52''$	$332°46'25''$
ωt	$-33'41''$	$+1°21'59''$	$+6°23'34''$	$+10°40'54''$
σ	$-59'58''$	$+2°24'4''$	$+7°28'18''$	$+2°7'9''$
μ	$7°42'26''$	$18°47'22''$	$91°39'44''$	$163°30'25''$
w. Apogäum $= Aw$	$61°18'17''$	$59°49'55''$	$59°47'17''$	$69°25'45''$
Exzentrizität	$416,51$	$414,12$	$364,46$	$322,66$
Bog. $Aw\,F = \sphericalangle\,\psi$	$65°7'35''$	$66°29'51''$	$77°58'26''$	$96°39'20''$
$\varepsilon = FE$	$2°9'51''$	$2°10'29''$	$2°2'30''$	$2°3'35''$

In der Figur 7a soll Fm dem mittleren, F dem wahren Frühlingspunkt auf der Erdbahn entsprechen, E den Ort der Erde bei der Herbstnachtgleiche bedeuten; der Index 1 soll

Fig. 7a

sich auf die Nachtgleiche des Hipparch, 2 auf die des Ptolemäus und 3 auf die des Albategnius beziehen. In den 285 tropischen Jahren zwischen der Beobachtung des Hipparch und des Ptolemäus rückte der Ort der Erde, von dem aus die Nachtgleiche gesehen wurde, von E_1 nach E_2; dem von der Erde zwischen den beiden Beobachtungen zurückgelegten Weg fehlt also der Bogen E_2E_1 zu 285 vollen Umdrehungen. Nun ist, wenn man die Richtung der Erdbewegung mit positivem Vorzeichen kennzeichnet, nach Fig. 7a:

$$E_2E_1 = F_2F_1 + F_1E_1 - P_2E_2$$

und

$$F_2F_1 = Fm_2Fm_1 + Fm_1F_1 - Fm_2F_2.$$

Also wird:

$$E_2E_1 = Fm_2Fm_1 + (Fm_1F_1 - Fm_2F_2) + (F_1E_1 - F_2E_2).$$

oder:

$$E_2E_1 = Fm_2Fm_1 - [(Fm_2F_2 - Fm_1F_1) + (F_2E_2 - F_1E_1)]$$

Dagegen wäre der Weg der Erde in 285 mittleren tropischen Jahren um den Bogen Fm_2Fm_1 kleiner gewesen als 285 ganze Umdrehungen. Somit ist der Weg zwischen den 2 Beobachtungen um den Bogen $(Fm_2F_2 - Fm_1F_1) + (F_2E_2 - F_1E_1)$ größer als der von 285 mittleren tropischen Jahren, und die Zeit, welche die Erde zum Durchlaufen dieses Bogens benötigt, muß zu den 285 mittleren tropischen Jahren addiert werden. Dabei gibt die erste Klammer die von der Ungleichmäßigkeit der Präzession verursachte Änderung, während die zweite den Einfluß des sog. Winkels der Ungleichmäßigkeit darstellt.

Setzt man nun aus der obigen Zusammenstellung die entsprechenden Werte mit ihrem Vorzeichen in diesen Ausdruck ein, so erhält man für diesen Bogen: $(+ 47'11'' - (- 20'57''))$ $+ (2^0 10'29'' - 2^0 9'51'') = 1^0 8'8'' + 38'' = 1^0 8'46''$. Da die Erde in einem siderischen Jahr oder in 365,25643 Tagen 360 Grade zurücklegt, braucht sie zu einem Grad 1,0146 Tage und zu diesem obigen Bogen 1 Tag 9,7 Tagesminuten $\left(= \frac{9,7}{60}\right.$ Tage$\left.\right)$. Es liegen also zwischen den beiden Beobachtungen außer den 285 mittleren tropischen Jahren oder 285 ägyptischen Jahren (je gleich 365 Tagen) 69 Tagen und 8,5 Tagesminuten noch 1 Tag und rund 9,7 Tagesminuten, also 285 ägyptische Jahre 70 Tage und 18,2 Tagesminuten, während 285 julianische Jahre 285 ägyptische Jahre 71 Tage und 15 Tagesminuten zählen.

Zwischen den Beobachtungen des Ptolemäus und Albategnius ist der Ergänzungsbogen: $(Fm_3F_3 - Fm_2F_2) + (F_3E_3 - F_2E_2)$ oder nach der Tabelle: $(21'56'' - (- 47'11'')) + (2^0 2'30'' - 2^0 10'29'') = - 1^0 9'7'' - 7'59'' = - 1^0 17'6''$. Ihm entsprechen 1 Tag 18,2 Tagesminuten, die von den 743 mittleren tropischen Jahren abzuziehen sind, weil der Bogen negativ ist. Die beiden Beobachtungen liegen also 743 ägyptische Jahre 178 Tage und 42,91 Tagesminuten auseinander, während 743 julianische Jahre 743 ägyptische Jahre 185 Tage und 45 Tagesminuten ausmachen; es fehlen also rund 7 Tage.

Die Durchführung dieser Rechnung gibt ein deutliches Bild von den Schwierigkeiten der astronomischen Rechnungen nach der Kopernikanischen Theorie. Sie waren aber für seine Zeit noch umfangreicher; weil sich die trigonometrischen Methoden erst im Laufe des 16. Jahrhunderts entwickelten, mußte alles noch umständlicher durch Proportionen berechnet werden. Die Umständlichkeit und Schwerfälligkeit dieser Rechnungen war einer der wichtigsten Gründe für die Ablehnung der Kopernikanischen Theorie durch die Mehrzahl der zeitgenössischen Astronomen.

S. 47 Z. 18. Mästlin änderte in: „...., wo sie zur Zeit des Hipparch das wahre Aequinoktium verlassen hatte, war noch nicht ...“.

S. 47 Z. 21. Plin. hist. nat. lib. II cap. 19. Ausgabe von Detlefsen, Berlin 1866. Vol. I S. 85.

S. 48 Z. 21. Mästlin ändert Äquator um in Äquinoktium.

S. 49 Z. 2. Mästlin fügt hier folgende Skizze (Fig. 8) und Erläuterung ein:

„Skizze der Anomalie der Präzession der Nachtgleichen und der ungleichmäßigen Länge des tropischen Jahres.

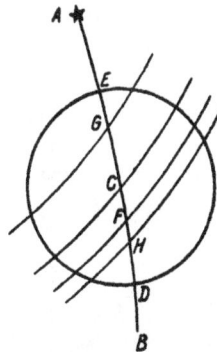

Fig. 8

AB Ekliptik. A erster Stern des Widders. C mittlere Nachtgleiche oder der Schnitt des mittleren Äquators und der Ekliptik. Seine Präzession von A aus ist gleichmäßig. DE ist der Durchmesser des Anomaliekreises der Nachtgleichen, über den der wahre Äquator schwingend hin- und hergeht. F ist der Ort des wahren Äquinoktiums, oder Schnitt des wahren Äquators zur Zeit Hipparchs, G aber zur Zeit des

Ptolemäus und *H* zur Zeit des Albategnius. *CF* ist 21 Minuten, *CG* 47 Minuten, *CH* 22 Minuten, *FG* 68 Minuten, aber *GH* 69 Minuten, *CE* oder *CD* beträgt 70 solche Minuten. Reinhold rechnet in den Prutenischen Tafeln *CE* oder *CD* als 1 Grad 11 Minuten 22 Sekunden 30 Terzen."

S. 49 Z. 20. Siehe Bemerkung zu S. 31 Z. 32 auf S. 122.

S. 51 Z. 14. Ovid, Ars am. 3, 397.

S. 52 Z. 17. Regiomontan Epitome Buch V Satz 22 (Ausgabe 1543. S. 100).

Um das Zitat zu verstehen, muß man sich an die Mondtheorie der Alten erinnern. In einer zur Ekliptik unter etwa 5 Grad geneigten Ebene, deren Schnittlinie durch den Erdmittelpunkt geht und sich in 18 Jahren um den Erdmittelpunkt einmal umdreht, bewegt sich der Mittelpunkt *A* (Fig. 9) des Mondepizykels in einem zur Erde exzentrischen Kreis mit dem Mittelpunkt *B* von der Linie Erde—Sonne aus vorwärts, während der Mittelpunkt *B* des exzentrischen Kreises mit gleicher Winkelgeschwindigkeit gegen dieselbe Linie rückwärts um die Erde gedreht wird. Vom Neumond aus, bei dem der Mond auf der Linie Erde—Sonne steht, gelangt der Mondepizykel nach einer Viertelsumdrehung in das Perigäum *P'* des beweglichen Exzenters. Außerdem ist der Mond in seinem

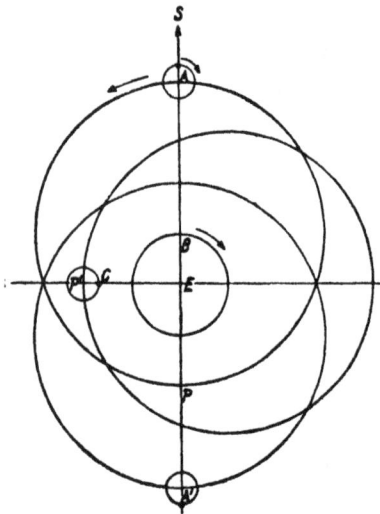

Fig. 9

kleinen Epizykel zum Perigäum *C* gelangt, weil sich dieser mit doppelter Winkelgeschwindigkeit rückwärts dreht, seine Entfernung von der Erde ist dann noch etwa die Hälfte derjenigen beim Neumond, die bei einer solchen Bewegungsweise nach einer weiteren Viertelsdrehung, also beim Vollmond wieder erreicht wird.

S. 52 Z. 32. Kopernikus erklärt die Mondbewegungen auf folgende Weise: In der Figur 10 sei *ES* die Richtung von

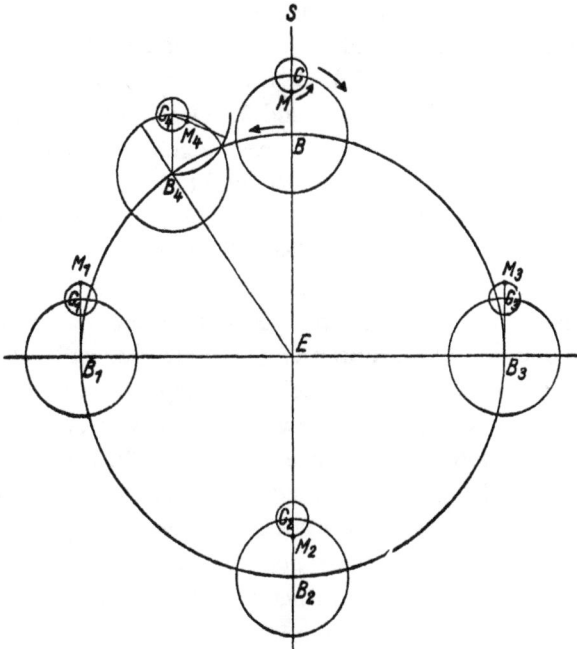

Fig. 10

der Erde zur Sonne. Der Kreis um *E* mit Halbmesser *EB* dreht sich mit gleichbleibender Geschwindigkeit gegen die Richtung *ES* und führt dabei den Epizykel mit dem Mittelpunkt *B* und dem Halbmesser *BC* mit sich. Gleichzeitig dreht sich dieser Epizykel gegen die Gerade *EB* mit derselben Geschwindigkeit in der umgekehrten Richtung und trägt dabei den Mittelpunkt *C* eines zweiten kleinen Epizykels mit sich. Das hat zur Folge, daß der Halbmesser *BC* des ersten Epizykels immer parallel mit der Richtung *ES* bleibt. Gegen diese Richtung dreht sich nun der zweite Epizykel um den Punkt *C* wieder nach vorwärts, jedoch mit doppelter Geschwindigkeit und führt dabei den Mond M mit, der bei der Konjunktion wie bei der Opposition seine kürzeste Entfernung vom Punkt B hat. In der Figur geben die Buchstaben ohne Index die Stellung beim Neumond, die Indexziffern 1, 2, 3 und 4 die Stellungen beim zunehmenden Halbmond, beim Vollmond, beim abnehmenden Halbmond und zu einer beliebigen Zeit an. Dabei verhält sich $EB : BC : CM = 10000 : 1097 : 237$ (s. Kreisbewegungen Buch IV, Kap. 3 und 8). Das Ganze liegt in einer Ebene, die gegen die Ekliptik unter ungefähr 5 Grad geneigt ist und stets durch den Erdmittelpunkt geht, wobei sich die Schnittlinie mit der Ekliptik um E relativ zum Fixsternhimmel in rund 18 Jahren einmal vollständig umdreht.

S. 53 Z. 5. Bei Mästlin lautet der Relativsatz: „der in der zeitlichen Mitte zwischen den Konjunktionen oder Oppositionen und den Quadraturen ungefähr sichtbar ist". Während Rhetikus an die Geschwindigkeit der Längenbewegung denkt, die wegen der Kleinheit des zweiten Epizykels hauptsächlich durch den ersten Epizykel beeinflußt ist, führt Mästlin den Zeitpunkt an, bei dem der Mondort am weitesten von seinem mittleren Ort entfernt ist. Da vor allem dieser Zeitpunkt sowie der Ort selber sehr stark von dem zweiten Epizykel abhängig ist, hat Mästlin den Text des Rhetikus an dieser Stelle unrichtig aufgefaßt.

S. 53 Z. 30. Prowe weicht hier vom Text der Jubiläumsausgabe ab; diese schreibt nur: „in seinem Epizykel", während Mästlin hat: „in diesem seinem kleineren Epizykel".

S. 54 Z. 12. Mästlin hat hier den Satz eingefügt: „Er weist jedoch nach, daß die Bewegungen der ersteren ebenso mit einem Exzenter in einem Exzenter, die Kreisbewegungen der letzteren mit Exzenterepizykeln behandelt werden könnten".

S. 55 Z. 8. Plin. hist. nat. lib. II Kap. 17 (Opera Omnia, Ausgabe Detlefsen, Berlin 1866, Bd. I S. 83).

S. 55 Z. 19. Wenn ein oberer Planet seinen Ort auf der Ekliptik in der Nähe der Sonne hat, wenn er also in der Gegend

seiner Konjunktion ist, dann geht er kurz vor bzw. nach dem
Sonnenaufgang auf und kurz vor bzw. nach dem Sonnenunter-
gang unter. Da diese Planeten zu schwach leuchten, um im
Tageslicht sichtbar zu sein, werden ihre Aufgänge nur dann
beobachtet, wenn sie dem Sonnenaufgang vorangehen, und
die Untergänge, wenn sie dem Untergang der Sonne nach-
folgen. Befindet sich der Planet aber in der Nähe seiner Oppo-
sition, dann geht er am Abend auf und am Morgen unter.
Erfahrungsgemäß sind sie aber beim Morgenaufgang bzw.
Abenduntergang sehr viel schwächer als beim Abendaufgang.
Sie sind also dort viel weiter von der Erde entfernt als hier.
Besonders groß ist dieser Unterschied beim Marsgestirn. Der
Schluß, daß dieser Entfernungsunterschied nicht durch einen
Epizykel erklärt werden kann, ist nur zwingend, wenn man
das übliche Verhältnis zwischen dem Halbmesser des Epizykels
und dem des Deferenten voraussetzt.

S. 56 Z. 10. Rhetikus hat hier die Randbemerkung beigefügt:
„Dies ist im zehnten Buch über den Gebrauch der Teile (des
menschlichen Körpers) gesagt". Es handelt sich nicht um ein
wörtliches Zitat, sondern im Kap. 3 bemerkt Galenus: „Wir
haben bewiesen, daß die Natur selbstverständlich nichts weder
schlecht noch unnütz schafft",und im folgenden Kapitel werden
die verschiedenen Aufgaben der einzelnen Organe des menschlichen Auges aufgezählt, wobei Galenus bei einzelnen Einrichtungen auf die angegebene Zahl kommt.

S. 58 Z. 2. Kap. 6 der pseudoaristotelischen Schrift „Über
die Welt" (Bekker S. 397b).

S. 59 Z. 25. Die erste Ausgabe hat hier die Randbemerkung:
„Damit sind die Leugner der Epizykel und Exzenter gemeint."

S. 60 Z. 5. Aristoteles „Über den Himmel". Buch 2 Kap. 5,
(Bekker S. 287b).

S. 60 Z. 7. Aristoteles Metaphysik Buch 12 Kap. 8 (Bekker
S. 1073b) berichtet die Lehre des Kalippus, daß den Sphären
des Eudoxus „bei der Sonne und dem Mond noch zwei Sphären
hinzugefügt werden müßten, wenn man den Erscheinungen

gerecht werden wolle, den übrigen Planeten je eine" und weist
nach, daß in Wirklichkeit noch weitere Kugeln nötig sind.

S. 60 Z. 12. Averroes war Arzt, Philosoph und Astronom
in Cordoba und starb 1098 in Marokko. Er kommentierte u. a.
auch den Almagest. Diese Schrift ist jedoch verschollen.

S. 60 Z. 13. Aristarch von Samothrake, ein alexandrini-
scher Gelehrter, der als Kritiker vieler griechischer Dichter,
vor allem Homers berühmt ist. Hier denkt Rhetikus nicht
an den Astronomen Aristarch von Samos (s. Eugen Brachvogel:
Nikolaus Kopernikus und Aristarch von Samos. S. 9).

S. 60 Z. 26. Ptolemäus Almagest, Buch 9 Kap. 2 (Heiberg II
S. 212). Außer dem Zitat Lib. IX Eth. fügt hier Rhetikus noch
die Randbemerkung bei: „Dies tut denen Genüge, die sich
bemüht haben, noch höher, ja in die oberen Häuser hinauf-
zusteigen".

S. 60 Z. 36. Buch 1 der Ethik, Kap. 1 (Bekker S. 1094 b).

S. 61 Z. 19. Prowe (II S. 323) hat die Fußnote „Buch 7 der
Politik". In Wirklichkeit handelt es sich um Worte aus Platons
Staat, Buch 7: Die Bildung des Regenten (Bekker Bd. 7 S. 85),
die Rhetikus den Aristoteles zitieren läßt.

S. 61 Z. 27. Prowe (II S. 323) weist hier auf seine Anmerkung
über den geplanten zweiten Bericht hin. Aus dem Wortlaut
wie aus dem Zusammenhang ergibt sich aber unzweideutig,
daß hier nicht von diesem die Rede ist, sondern Rhetikus
will sich lediglich von seiner Abschweifung in das erkenntnis-
theoretische Gebiet zu seinem astronomischen Stoff zurückrufen. Freilich ist er im Augenblick so sehr in diese Gedanken
eingesponnen, daß er bei der Einleitung des folgenden Abschnitts schon rückfällig wird.

S. 61 Z. 33. Buch 2 der Metaphysik, Kap. 1 (Bekker S. 993 b).

S. 62 Z. 13. Das Bild des Seefahrers wird im Mittelalter oft
z. B. von Nikolaus von Kusa bei derartigen Erörterungen
benützt. Kopernikus selbst zitiert einen Vers aus Vergils Aeneis
(Kreisbewegungen, Buch 1 Kap. 8).

S. 62 Z. 28. Pontanus in „An den Himmel". Opera omnia.
Venetiis in aedibus Aldi et Andreae Asulani soceri MDXIII S. 6).

S. 62 Z. 31. Mästlin hat hier die Figur des Kopernikanischen Weltsystems aus Buch 1 Kap. 10 der Kreisbewegungen eingefügt; zum Vergleich setzen wir eine Figur des ptolemäischen Weltsystems hinzu. Siehe Fig. 11 u. 12.

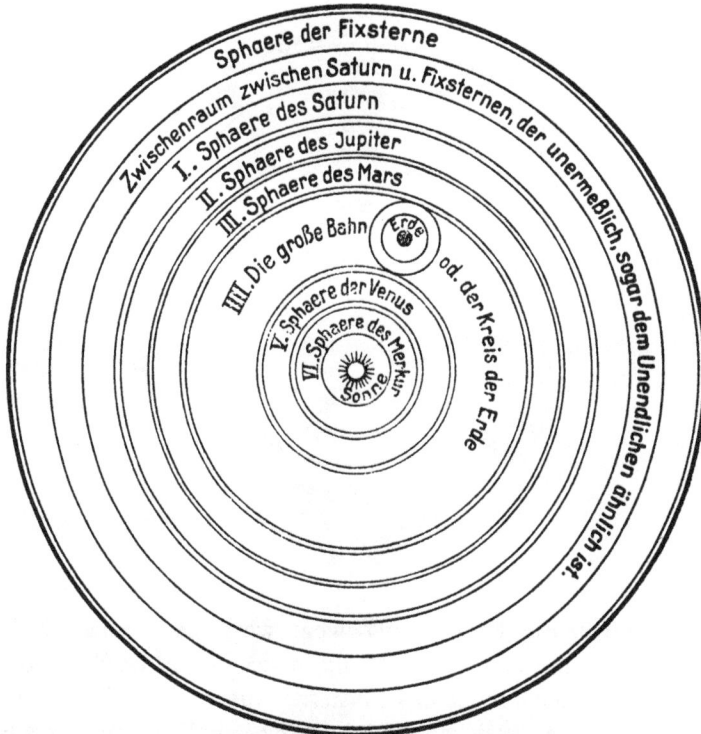

Sphaere der Fixsterne

Zwischenraum zwischen Saturn u. Fixsternen, der unermeßlich, sogar dem Unendlichen ähnlich ist.

I. Sphaere des Saturn

II. Sphaere des Jupiter

III. Sphaere des Mars

IIII. Die große Bahn od. der Kreis der Erde

Erde

V. Sphaere der Venus

VI. Sphaere des Merkur

Sonne

Fig. 11

S. 63 Z. 9. Mästlin hat hier folgenden Zusatz gemacht: „Daß diese Ordnung und Einteilung der Weltsphäre nicht von Kopernikus zuerst ausgedacht, sondern von alten Philosophen gelehrt worden ist, dafür ist Archimedes in seinem Büchlein über die Sandrechnung Zeuge: Darin schreibt er über Aristarch folgendermaßen: Diese Behauptungen in den Schriften der Astrologen (= Astronomen, d. Übs.) über die gebräuchlichen Hypothesen, in denen die Erde als Mittelpunkt der Welt vorausgesetzt wird, widerlegte Aristarch von Samos und er sprach gewisse Sätze aus, denen zufolge die Welt in Hinsicht auf die sogenannte Weltordnung vielfältig ist. Er setzt nämlich voraus, daß die Fixsterne und die Sonne unbeweg-

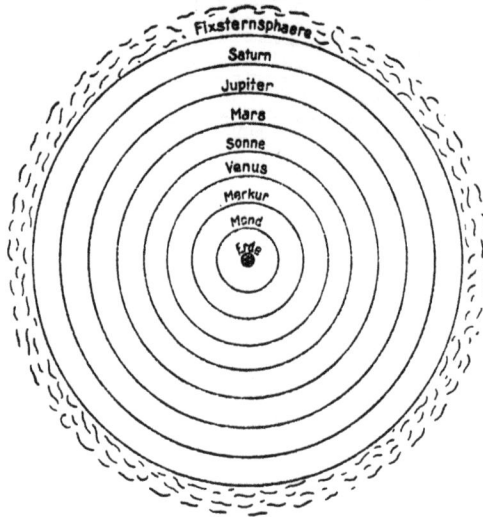

Fixsternsphaere
Saturn
Jupiter
Mars
Sonne
Venus
Merkur
Mond
Erde

Fig. 12

lich bleiben, die Erde aber bewegt wird längs eines Kreisumfangs rings um die Sonne, die in der Mitte der Bahn aufgestellt ist. Die Kugel der Fixsterne, die mit der Sonne zusammen um den gleichen Mittelpunkt herumliegt, sei so groß, daß der Kreis, auf dem sich die Erde nach seinen Voraussetzungen bewegt, zum Abstand der Fixsterne das Verhältnis hat, das der Mittelpunkt der Kugel zu ihrem Umfang besitzt (d. h. daß dieses keineswegs merklich ist) usw. Aus Ptolemäus, Buch 3, Kap. 2 ist ersichtlich, daß Aristarch rund 44 Jahre nach dem Tod Alexanders des Großen, d. h. um das Jahr 280 v. Chr., d. h. 1876 Jahre vor unserer heutigen Zeit gelebt hat".

S. 63 Z. 13. Plin. hist. nat., Buch 2 Kap. 1 (Mästlin). (Ausgabe Detlefsen, Berlin 1866, Bd. I S. 71 Z. 17ff.)

S. 64 Z. 15. In der zweiten Auflage des Mysterium Cosmographicum ist hier folgender langer Zusatz eingefügt: „Kopernikus fügt im Buch 1 am Schluß des Kapitels 10 auch folgenden Grundsatz hinzu: Zwischen Bewegtem und Unbewegtem mußte der Unterschied sehr groß sein. Ich glaube, daß man diesen Satz hier nicht übergehen darf. Keineswegs darf man, glaube ich, auf Tycho Brahe, der sonst einer der ausgezeichnetsten Mathematiker und ein zweiter Ptolemäus ist, hier hören, wenn er diesen so ungeheuren Abstand des Fixsternhimmels von der Weltmitte, gegen den die „große Bahn" der Erde verschwindet und so dem unbegrenzt Kleinen ähnlich wird, recht scharf bekämpft, um die alten und gebräuchlichen, aber auch seine eigenen Hypothesen über den Sitz der Erde in der Weltmitte zu retten. Da versichert er in den Vorübungen S. 403, es sei unvernünftig, wenn mit Kopernikus festgestellt werde, daß der bislang größte, von Sternen leere Raum zwischen Saturn und den Fixsternen liege, und S. 481: Wenn man belieben würde, den Kopernikanischen Gedanken über die jährliche Bewegung der Erde zuzustimmen, so würde erst noch zwischen Saturn und der achten Sphäre ein ungeheurer Raum vorhanden sein, bevor die jährliche Bewegung der Erde in Beziehung auf diese, so wie es sein müßte, gänzlich verschwände: So ungeheuer, daß jener Zwischenraum, der zwischen der Mitte des Weltalls und dem Saturn in der obersten Stellung ist, mehr als siebenhundertmal zwischen diesem und den Fixsternen enthalten wäre; und dieser wäre von Sternen völlig leer und für keinen sinnfälligen Zweck bestimmt; das zu glauben ist unvernünftig. Obwohl er ferner auf derselben Seite nicht in Abrede stellt, daß es unsicher sei, ob alle Sterne gleichweit von der Weltmitte entfernt seien, und daß es ziemlich wahrscheinlich sei, daß einige höher, einige tiefer gestellt sind, und obwohl er sogar S. 470 daran erinnert, daß die Fixsterne nicht notwendig alle um die gleiche Strecke von der Erde entfernt sein müssen, daß nämlich einige von ihnen um einen großen Zwischenraum höher sein können als andere, so soll daraus nicht gewiß zu ersehen sein, wie unermeßlich diese Weite des

Himmels ist, den diese (Fixsterne) besetzen, daß sie also zweifellos ungleich entfernt sind. Dennoch trägt er S. 483 seine Meinung vor: Nach meiner Auffassung, sagt er, braucht man hierbei keinen allzu großen Raum für das Gebiet der achten Sphäre zuzulassen. Er wird nämlich nicht so groß sein können, daß die kleinsten Sterne, die zur 6. Klasse gerechnet werden, um einen so großen Zwischenraum von der Erde entfernt sind, durch den sie denen gleichgemacht werden könnten, welche den hellsten und auffallendsten Glanz haben. Dieser große Raum würde nämlich über ein weites Maß hinausgehen, so daß er den Halbmesser der Erde mehr als 155 000 mal enthielte. Und so müßten sie elfmal höher hinauf gehoben werden, als wir diese Höhe angenommen haben. (Tycho hat aber doch angenommen, daß die Sternenkugel nicht weniger als 13 000 und nicht mehr als 14 000 Erdhalbmesser von der Weltmitte entfernt sei.) Und so würde jener der achten Sphäre zugemessene Raum sogar elfmal die Strecke umfassen, die von der Erde bis zu seiner vorher angenommenen Grenze geht. Das übersteigt gewiß alles Maß und alle Glaublichkeit.

Ich antworte: Alle, welche der Meinung des Kopernikus, die in diesem Bericht des Rhetikus ausgeführt ist, günstig sind, räumen nicht ungern einige von den ausgeführten Punkten ein. 1. Auch sie geben zu, daß es unsicher ist, ob die Fixsterne am Firmament vom Weltmittelpunkt gleiche Abstände haben, und daß, was wahrscheinlicher ist, manche von ihnen höher, manche tiefer stehen. Aber sie wissen nicht, welche gewisse Folgerungen sie daraus ziehen sollen, vor allem, weil diese Untersuchung für das Hauptziel der Astronomie, nämlich für den Nachweis der Erscheinungen der himmlischen Bewegungen rein nichts beiträgt. 2. Keiner von ihnen fällt in einen solchen Wahnsinn, daß er glauben sollte, die Fixsterne seien alle gleich groß und scheinen nur größer und kleiner wegen ihrer kleineren oder größeren Entfernung von uns, zumal es allen mehr als bekannt ist, daß auch die Sterne, die wir Wandelsterne nennen, voneinander durch einen beachtlichen Größenunterschied abweichen. Warum sollten nicht auch jene verschieden sein?

3. Außerdem haben sie auch darin keine abweichende Meinung von den aufgezählten Punkten, daß wohl kein allzu großer Raum für das Gebiet der achten Sphäre zugegeben werden darf, obwohl sie gestehen, daß die Bestimmung der Größe des Raumes, der zwischen ihrer hohlen und gewölbten oder ihrer inneren und äußeren Oberfläche liegen soll, nicht bei ihnen, sondern in der Hand des allmächtigen Schöpfers liege. 4. Sie sind daher nicht so neugierig, daß sie untersuchen wollen, wie groß gerade dieser Zwischenraum der Fixsternkugel ist und ob die höchsten Fixsterne zwei- oder drei-, oder elf- oder zwanzigmal höher sind als die niedrigsten, sondern zur Bestimmung der Erscheinungen genügt es ihnen, sie so anzunehmen, als ob sie an einer und derselben, natürlich der hohlen, Oberfläche des Fixsternhimmels angeheftet hingen. Denn sie nehmen sich nicht heraus, allzu große Weisheit zu besitzen und über jene hohle Oberfläche des Sternenhimmels hinüber und hinaus zu schreiten, außer was die heiligen Schriften über diese Fragen wissen lassen wollten. Die übrige in diesen Sternenhimmel eingeschlossene Natur aber bewundern, betrachten und erforschen sie fromm und dankbar, soweit es von der göttlichen Gnade gestattet ist. 5. Ich füge folgendes hinzu: Wie sich die Anhänger des Aristarch und des Kopernikus nicht beunruhigen über jene Weite des Sternenhimmels zwischen der hohlen und gewölbten Oberfläche, sondern diese Sorge der allmächtigen göttlichen Majestät, welche die Himmel mit flacher Hand mißt (Isa. 40. 12), anheimgeben, so würden sie auch keineswegs mit denen streiten, die leugnen, daß der Abstand derselben Fixsterne vom Weltmittelpunkt so groß sei, daß sie die größte, von demselben Mittelpunkt aus gemessene Höhe des Saturn siebenhundertmal und darüber faßt (nach den Zahlen des Tycho, der S. 480 den weitesten Abstand der Saturnumwälzungen auf 12900 Erdhalbmesser berechnet, obwohl der Stern des Saturn selber sich nicht weiter als 12300 Erdhalbmesser entfernt, würde er über neuntausend Erdhalbmesser enthalten). Denn keine Notwendigkeit verlangt, daß jene dem Unendlichen ähnliche Größe so weit ausgedehnt werde, bis

die „große Bahn" der Erde gegen die Sternensphäre völlig
verschwindet, wie Tycho meint (freilich würde diese „große
Bahn" auch nach den Zahlen des Tycho nicht völlig verschwinden, wenn sie nämlich bei den Fixsternen für die Parallaxe $^2/_5$, d. h. ungefähr gegen die Hälfte einer Minute verursachen würde); da seine Höhe, auch wenn sie viel geringer
ist, unermeßlich, d. h. unerforschlich und mit keinen Instrumenten und durch keine Kunstfertigkeit aufzuspüren ist,
verdient sie deswegen nicht mit Unrecht einer Unendlichen
ähnlich genannt zu werden, weil sie, auch wenn sie kleiner
wäre, trotzdem zur Rettung und Ableitung aller Erscheinungen
nach den Erfordernissen der astronomischen Gesetze genügen
kann. Denn, wenn die „große Bahn" der Erde bei den Fixsternen
eine Parallaxe hervorruft, dann treten die größten nur bei den
Sternen ein, die um die Mitternacht auf- oder untergehen. Bei
allen Sternen aber, die über den Horizont erhoben sind oder
in andern Stunden auf- oder hinabsteigen, sind die Parallaxen
schon kleiner, verschwinden daher um so mehr vor den Augen
und werden unbemerklich. Wenn daher jene horizontalen
Parallaxen eine oder zwei oder sogar drei Minuten betragen
würden, wie sie nach der Meinung des Ptolemäus und Kopernikus, wie auch nach der des Tycho bei der Sonne eintreten,
so würden diese durch kein Instrument bemerkbar sein, teils
wegen ihrer Kleinheit, teils und zwar hauptsächlich wegen der
Brechungen der Sehstrahlen in der Nähe des Horizontes, die
jede Beobachtung der Parallaxen verschlucken. Es kann also
der keiner Unvernunft beschuldigt werden, der unbedenklich
versichert, das Verhältnis des Abstandes der Fixsterne vom
Weltmittelpunkt komme keineswegs dem entsprechenden Verhältnis des Abstandes der Sonne von der Erde, d. h. dem Halbmesser der „großen Bahn" gleich, und deshalb kann der Kreis
der Fixsterne auch so dem Unendlichen ähnlich genannt werden.
Daher sagt Kopernikus nirgends, daß die „große Bahn" gegen
den Kreis der Fixsterne völlig verschwinde, sondern im Buch 1
Kap. 5 spricht er, sie sei nicht vergleichbar natürlich durch
den Sinn, ebenso im Kap. 6 und Kap. 10: sie oder ihr Bild

verschwinde vor den Augen gegen die ungeheure Höhe jener
Sterne. So auch im Kap. 11: In der Fixsternkugel überschreite
der Abstand der Sonne und der Erde unsere Sehkraft. Ebenso
im Buch 3 Kap. 15: sie könne im Vergleich zu dieser nicht
geschätzt werden. usw. Es ist also außer allem Zweifel, daß
Kopernikus es auf die Unterscheidungskraft der Augen, nicht
auf den vollständigen Ausschluß jeder Parallaxe abgesehen
hatte, insofern zum Nachweis der Bewegungen die Entfernung
des Kreises der Fixsterne genügt, wegen der und im Vergleich
zu der die Ausdehnung der „großen Bahn" nicht mehr mit
den Augen unterschieden werden kann. Überhaupt ist aber
sehr wahrscheinlich, daß die auf diese Weise angesprochene
und nach allen Umständen abgewogene Entfernung doch dem
Hundert- oder Zweihundertfachen gleichkommt, auch wenn
sie die oberste Höhe des Saturn nicht siebenhundertfach
überragt.

Wenn aber auch in den Punkten, welche über die so ungeheure Höhe des Firmaments berichtet worden sind, jeder
Widerspruch zwischen Kopernikus und Tycho unschwer be-
hoben werden kann, so ist doch das einigermaßen dreist (um
nicht zu sagen, es sei frevelhaft gegen die Allmacht und un-
erforschliche Weisheit Gottes des Schöpfers und deshalb in
diesem Punkt nicht auf Tycho zu hören), wenn bestritten wird,
daß die Höhe der Fixsternsphäre vom Mittelpunkt aus so groß
weder sei, noch sein könne, daß sie gegen die „große Bahn"
der Erde verschwinde: ebenso wenn derselben Sternensphäre
gewissermaßen bestimmte Grenzen für ihre innere und äußere
Oberfläche vorgeschrieben werden. Denn es war nicht genug
zu sagen: Nach meiner Ansicht muß man der achten Sphäre
keine allzu große Ausdehnung zugestehen, und sie wird nicht
so weit sein können usw., sondern es wird zum Überfluß hinzugefügt: daß dies zu glauben unvernünftig sei und jedes
glaubhafte Maß überschreite. Von gleichem Gewicht ist es,
sobald öffentlich gesagt wird, es sei ähnlich unvernünftig
zu glauben, daß zwischen Saturn und den Fixsternen ein so
großer Zwischenraum, wie er oben angegeben worden ist,

übrigbleibe; Grund, weil jener überhaupt von Sternen leer
und für keinen sinnenfälligen Zweck bestimmt sei. Was ist das,
frage ich, anderes als die Allmacht des Schöpfers der Ohnmacht
beschuldigen und der Allweisheit Gesetze vorschreiben (Job.
37, 18)? Hat denn der sterbliche Mensch dem Geist des Herrn
geholfen und ist er sein Ratgeber, so daß er mit ihm in
Beratung träte (Isa. 40, 13)? Wie aber seine allmächtige Hand
die obersten Abstände des Umlaufs des Saturnsterns vom
Mittelpunkt der natürlichen Welt an die 12900 Erdhalbmesser
erheben konnte (daß sie nicht kleiner ist, davon überzeugen
die treffendsten Beweise, die von den Beobachtungen hergeleitet
sind), hätte dann diese seine gleiche Hand nicht auch die Feste,
die ausgeschmückt ist mit dem schimmernden Glanz so vieler
herrlich leuchtender Sterne, deren Zahl allein Gott, der sie alle
mit ihrem Namen nennt (Isa. 40, 26; Psal. 147, 4), bekannt ist,
drei- oder vier- oder zehn- oder elf-, ja sogar hundert- oder
tausendmal höher hinaufheben können? Nichts hat ihn von
innen her gehindert, da er ja alles kann, was er will; kein
Wort ist bei ihm unmöglich. So konnte ihm auch von außen
her nichts entgegen sein, da er ja selbst und seine Macht unbegrenzt ist. Er, der nur durch das Wort aus dem Nichts
(Jo. 1, 3; 2 Mac. 7, 28) diesen allumfassenden Schauplatz geschaffen
hat, er hätte durch dasselbe Wort, wenn er gewollt hätte, tausend
Welten schaffen können (Psal. 33, 6). Warum beleidigt nun den
Tycho die Leere in dem so weiten Raum vom Saturn bis
zu den Fixsternen, die zu keinem sinnenfälligen Zweck bestimmt
ist? Glaubt er, es sei dem Menschen gegeben, die unerforsch-
liche Weisheit Gottes an menschliche Sinne zu binden? Groß
ist er, sagt der Psalmensänger, unser Herr, und sehr preis-
würdig und groß seine Kraft (Psal. 145, 3; 147, 5). Seiner Größe
ist kein Ende (oder keine Erforschung) und seiner Weisheit
keine Zahl. Zahllose andere Dinge sind also von dem weisesten
Schöpfer geschaffen, die von Menschensinnen nicht erfaßt
werden, noch von der Schärfe des Menschengeistes erforscht
werden können. Warum wird aber von Tycho nicht auch das
angefochten, daß der Schöpfer in die raumreiche Weite der

Welt vom Mittelpunkt bis zur höchsten Höhe des Saturn nur sieben Sterne und die Erde mit den übrigen Elementen hineingestellt hat, während der ganze übrige Bereich durch jeglichen Umlauf gemieden überall leer und jeglichen sinnfälligen Körpers bar ist?

Während aber Tycho, was nach seiner Meinung unsinnig ist, auszumerzen bestrebt ist, verwickelt er seine Meinung mit gleich schweren Widersinnigkeiten. Eine davon (um hier über die andern nichts zu sagen) ist die unberechenbare und jede Glaublichkeit überschreitende, ewige Geschwindigkeit der sternbesäten Sphäre bei der täglichen Bewegung, die wohl nicht viel kleiner ist als die, welche (wie schon gesagt) nach Alphragon die Ausmaße der himmlischen Bahnen mitbegleitet. Tycho stellte fest, daß der gestirnte Himmel keinen kleineren Abstand vom Mittelpunkt habe als 13 000 Erdhalbmesser. Darin stimmen ihm die Anhänger der Kopernikanischen Meinung gern bei. Aber er besteht darauf, daß derselbe nicht höher sei als 14 000 Erdhalbmesser. Aber wohlan, zur Prüfung dessen werde die mittlere Zahl angenommen, welche 13 500 beträgt. Der ganze Durchmesser wird also 27 000 Erdhalbmesser sein, die (wenn man für jeden 860 deutsche Meilen rechnet) zweihundertzweiunddreißigmal hundert und zwanzigtausend (23 220 000) Meilen ausmachen. Demnach wird der ganze Umfang des Äquators wegen des Verhältnisses des Durchmessers zum Kreis, das 7 zu 22 ist, 72 927 143 zählen. Das macht über siebenhundertneunundzwanzigmal hundert und siebenundsiebenzig tausend deutsche Meilen. Der vierundzwanzigste Teil davon faßt 3 040 714, das sind über dreißighunderttausend und vierzigtausend Meilen. Und einen so großen Weg muß jeder Stern oder Punkt auf dem Äquatorkreis in einem Zeitraum von nur einer Stunde durchlaufen. Und der viertausendste Teil davon hat 760 deutsche Meilen, und diese sind der Weg für jeden einzelnen Stern im Verlauf eines einzigen Pulsschlags der Arterie bei einem ruhigen Menschen (wie oben schon vor diesem Bericht in der Einleitung aus Cardanus gesagt worden ist). Aber das zu glauben, ist ganz unvernünftig. Damit die

Unvernunft dieser Meinung noch klarer ersichtlich wird, schreibt derselbe Cardanus als Arzt im Buch 5 über die Proportionen Satz 118: In einem Pulsschlag eines ruhigen Menschen sind 5 Pulsschläge eines an heftigem Fieber leidenden Kindes enthalten. In dieser im höchsten Grade unmerklichen Zeit würden jene Bewegungen wahrlich anderthalb hundert Meilen vollenden. Oder: Gesetzt und mehr als zum Überfluß angenommen, daß jemand während eines Pulsschlags eines ruhigen Menschen mit seinen Augen, indem er sie rasch schließt und wieder öffnet, sechs- oder siebenmal zwinkern könnte (ein jeder ist sich bewußt, daß dies eine ganz und wahrhaftig unmerkliche Zeit ist und daß bei ihr kein Unterschied von einem Augenblick deutlich wahrgenommen werden kann), in einer so winzigen Zeit also, d. h. in jedem und dem ersten besten Augenblick kämen auf jeden Stern am Firmament mehr als hundert ganze deutsche Meilen, die er zu durchlaufen hätte. Ob dies von einem natürlichen Himmelskörper zu glauben und nicht für unvernünftig und einfach unmöglich anzunehmen ist, wird jedermann entscheiden, wenn er nur ein Fünkchen Verstand besitzt. Aber diese und derartige Unvernünftigkeiten sind aus den Kopernikanischen Hypothesen weit verbannt. Willst Du also diesen, die in der Verteilung und Bewegung durch die geschickteste Ordnung verknüpft sind, oder denen, die weder harmonisch zusammenstimmen, noch bei der Bewegung sei es mit sich, sei es mit der Natur übereinstimmende Unterstellungen voraussetzen, lieber Glauben schenken?"

S. 66 Z. 5. Kopernikus glaubte, daß die siderische Umlaufszeit der Venus 9 Monate betrage. Im Buch 1 der Kreisbewegungen Kap. 10 sagt er: „An fünfter Stelle kommt Venus im neunten Monat wieder", in der zugehörigen Figur nennt er die Venus die „neunmonatliche". In Wirklichkeit ist der genaue Wert 224 Tage 16 Stunden 49 Minuten und 8 Sekunden. Mästlin hat an dieser Stelle deshalb die 9 in 7½ Monate geändert, während er S. 96 Z. 13 die Angabe des Rhetikus stehen ließ.

S. 67 Z. 27. Die Kreisbahnen sind nach der Vorstellung des Kopernikus starre Scheiben, und alles, was sie tragen, bleibt

starr mit ihnen verbunden. Demnach müßte die Rotations-
achse der Erde bei der jährlichen Bewegung ein einmanteliges
Rotationshyperboloid beschreiben, wenn man von einer beliebigen Anfangslage ausginge, oder aber eine Kegelfläche,
wenn man als Anfangslage eine Sonnenwende, z. B. die Sommersonnenwende wählen würde. Dabei wäre der Wechsel der
Jahreszeiten unmöglich, weil die Mittagshöhe der Sonne für
jeden Erdort konstant bleiben müßte. Um diesen Wechsel zu
erklären, mußte die Erdachse annähernd sich selbst parallel
bleiben. Das erreicht Kopernikus durch die Annahme der an
dritter Stelle genannten Drehung der Erdachse im Gegensinn
zur jährlichen Bewegung des Erdmittelpunktes. In Fig. 13 sei

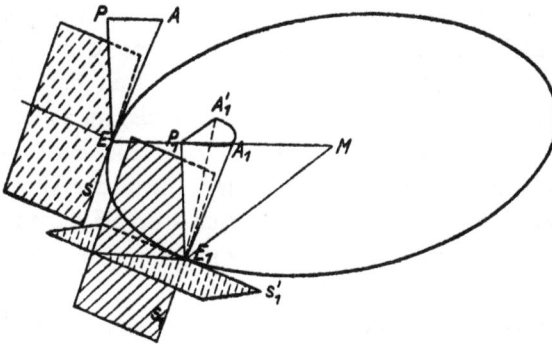

Fig. 13

M der Mittelpunkt der „großen Bahn", E die Stellung des
Erdmittelpunktes bei einer Sommersonnenwende, EA die Lage
der Erdachse, deren Verlängerung das im Punkt M auf der
Ekliptikebene errichtete Lot schneidet, und EP das Ekliptiklot
im Punkt E. Rückt nun der Erdmittelpunkt bei seiner jährlichen Bewegung zum Punkt E_1 vor, dann wird EP nach
E_1P_1, EA nach E_1A_1' und die Schnittgerade s zwischen Ek-
liptik- und Äquatorebene nach s_1' mitgeführt. Durch die dritte
Bewegung wird der Punkt A aber auf dem Kreis um den
mitgeführten Punkt P rückläufig bewegt, so daß er in die
Lage A_1 versetzt wird. Der Drehwinkel $A_1'P_1A_1$ ist annähernd

gleich dem Winkel EME_1 und heißt bei Kopernikus die Rückdrehung (Reflexion). Die Schnittlinie zwischen Ekliptik- und
Äquatorebene dreht sich dadurch ebenfalls rückläufig in die
Gerade s_1, so daß sie durch den Erdbahnmittelpunkt M geht,
wenn der Erdmittelpunkt E einen Quadranten seiner Bahn
zurückgelegt hat. Da der Strahl vom Sonnen- zum Erdmittelpunkt in diesem Fall in der Äquatorebene liegt, hat er keine
Deklination, aber die Rückdrehung beträgt 90 Grad, es gibt
somit nur Reflexion. Wenn dagegen die Schnittlinie zwischen
Ekliptik- und Äquatorebene Tangente an die Erdbahn ist wie
im Punkt E und in seinem Gegenpunkt, dann macht der Strahl
vom Sonnen- zum Erdmittelpunkt mit der Äquatorebene den
größten Winkel, er hat seine größte Deklination, es ist jedoch
keine Rückdrehung vorhanden. In den Zwischenlagen findet
sowohl Deklination wie Reflexion statt und der Strahl vom
Sonnen- zum Erdmittelpunkt, der im ersten Fall der Erde
bei der täglichen Rotation den Äquatorkreis, im zweiten einen
der Wendekreise aufgezeichnet hat, trifft die Erde in einem
Kleinkreis, der zwischen Äquator und einem der Wendekreise
liegt. Genau genommen handelt es sich aber bei diesen Kreisen
um die Windungen einer Spirale, die gegen die Wendekreise
enger werden und in diesen umkehren.

Die Präzession erklärt sich bei diesen Annahmen dadurch,
daß die Rückdrehung etwas größer angenommen wird als die
Winkelgeschwindigkeit des Erdmittelpunktes in der Ekliptik,
so daß sie im Lauf eines Jahres durchschnittlich etwa
50¼Sekunden mehr als 360 Grad beträgt. Um die Ungleichmäßigkeit der Präzession zu erklären, fügt Kopernikus zu
dieser dritten Bewegung noch eine Sinusschwingung in der
Richtung des vom Punkt A beschriebenen Kreises, also senkrecht zum Kolur der Wendepunkte hinzu, die sich in 1717
Jahren vollzieht, und schließlich zur Erklärung der Änderungen
der größten Deklination eine Schwingung des Erdpols in der
Richtung dieses Kolurs als fünfte Bewegung, deren Periode
3434 Jahre beträgt.

S. 68 Z. 8. Siehe Seite 38 ff.

S. 73 Z. 20. Auch hier findet sich in der Erstausgabe keine Figur, wohl aber sind im Text einige Buchstaben gegen die Figur bei Kop. Buch 3 Kap. 4 geändert. Mästlin holt das Versäumnis nach und nimmt die Kopernikanische Figur herüber, ändert aber die Punktbezeichnung so, daß sie zum Text des Rhetikus paßt. Curtze stellt in der Jubiläumsausgabe die ursprüngliche Punktbezeichnung wieder her und ändert den Text des Rhetikus entsprechend. Die untenstehende Figur 14 schließt sich ihm an, nur sind die Punktbezeichnungen, dem heutigen Gebrauch entsprechend, groß geschrieben.

S. 75 Z. 9. In Fig. 15, welche die in den folgenden Ausführungen geschilderten Vorgänge illustriert, ist M der Mittelpunkt der Ekliptik, P der Ekliptikpol. Die übrigen Buchstaben bezeichnen Punkte, die den gleichnamigen der Figur 14 entspre-

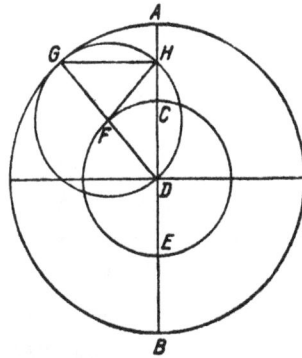

Fig. 14

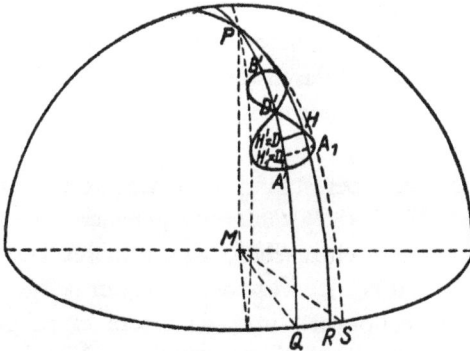

Fig. 15

chen, nur werden die beiden Schwingungen, um die es sich jetzt handelt, dadurch unterschieden, daß alle zur ersten Schwingung gehörenden Punkte durch einen Strich gekennzeichnet sind. Außerdem ist die Darstellung so gewählt, daß sie dem Standpunkt entspricht, von dem aus Rhetikus S. 76 Z. 22ff die Vorgänge schildert. Beide Schwingungen sind einander so zugeordnet, daß der Punkt D der zweiten immer auf den Punkt H' der ersten fällt. Während dieser die Strecke $A'H'$ zurücklegt, schwingt der Erdpol P von A' aus nach rechts, erreicht seine größte Amplitude in der Stellung D_1A_1, schwingt wieder gegen den Kolur der Sonnwenden in die Stellung DH zurück und fällt schließlich in den Punkt D', da die zweite Schwingung doppelt so rasch vor sich geht als die erste. Der Erdpol wird also infolge der beiden Schwingungen eine der Ziffer 8 ähnliche Figur um den mittleren Kolur der Sonnwenden beschreiben.

Da die Winkel bei Q und R rechte sind, ist Winkel DPH gleich dem Winkel QMR. Der Bogen PD ist jeweils der größten Deklination der Sonne gleich. Wegen der Kleinheit des Bogens DH darf auch Winkel PHD als rechter angesehen werden. Man erhält also nach dem Sinussatz:

$$\sin DH = \sin PD \cdot \sin QMR \quad\dots\dots\quad (12)$$

Da die größte Präzession RS 70 Minuten beträgt, berechnet man die größte Schwingungsamplitude D_1A_1 auf 28 Minuten. Weil sich diese Schwingungen des Nordpols nur in der Präzession auswirken und durch diese die astronomischen Berechnungen beeinflussen, berechnet Kopernikus nur die Präzessionsschwankungen.

S. 75 Z. 20. Die Übersetzung folgt dem von Prowe in „Nic. Coppernicus" II S. 337 Anm. angegebenen Text der Erstausgabe. Es ist nicht einzusehen, warum dieser Text verdorben sein soll. Dagegen ist der Text der Jubiläumsausgabe, bei dem „seu terrae ab eclipticae" in „seu terrae et eclipticae" umgeändert ist, nicht verständlich. Auch die Mästlinsche Änderung — er läßt das Semikolon im vorangehenden Satz zwischen „solstitia" und „media" weg und schreibt statt „quare et" die Worte „quare B est" — ergibt keinen klareren Sinn, außerdem paßt der Indikativ „est" gar nicht in den Zusammenhang.

S. 75 Z. 32. Die hängende Welt ist die Halbkugel der Welt unter dem Horizont.

S. 75 Z. 34. Die Zahl ist nach Prowe in der Erstausgabe merkwürdigerweise XXXIIIIMCCCCXXXIIII geschrieben. Die Jubiläumsausgabe hat IIIMCCCCXXXIIII, während Mästlin 3434 gesetzt hatte. Kopernikus hat im Buch 3 Kap. 6 der Kreisbewegungen $\overline{\text{III}}$CCCCXXXIIII.

S. 76 Z. 15. Die Übersetzung schließt sich an die Jubiläumsausgabe an, die in den Text der Erstausgabe vor „constituendam" das Wörtchen „ad" einschob. Mästlin schrieb dafür: „ad constituendam D. Praeceptor et alteram super illam inferendam librationem . . ." (d. h. . . . der H. Lehrer zur Aufstellung auch noch einer zweiten Schwingung, die über jene zu überlagern ist).

S. 78 Z. 2. Mästlin hat vor „omnino" noch ein „non" eingeschoben, um größere Klarheit zu erzielen. Da die Spätlateiner oft statt „non nisi" oder „nisi non" nur „nisi" schreiben, wird der Sinn durch die Einschiebung nicht geändert.

S. 78 Z. 27. Mästlin fügte hier in der Erstausgabe des Mysterium cosmographicum folgenden Zusatz ein:

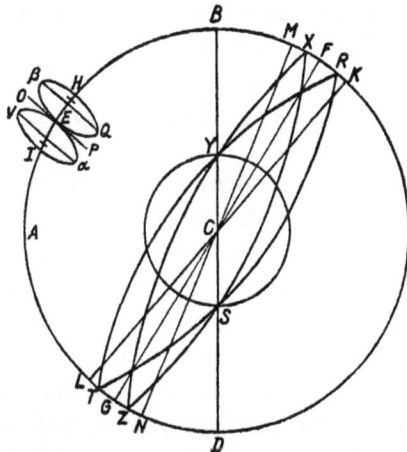

Fig. 16.

„Skizze beider Schwingungen, um die Änderung der Schiefe und des Schnittpunktes des wahren Äquators mit der Ekliptik zu zeigen (Fig. 16).

A sei der Pol der Ekliptik, BCD der Halbkreis der Ekliptik im mittleren Kolur ABD der Nachtgleichen, E Pol des mittleren Äquators FCG und das mittlere Äquinoktium befinde sich in C, die mittlere Schiefe sei BF oder AE, die 23 Grad

12*

40 Minuten beträgt. Der Bogen oder die gerade Linie der ersten Schwingung, um die der Pol des wahren Äquators vom mittleren abweicht, sei *HEI*, ein Bogen des Kolurs der Wendepunkte, und seine Größe betrage 24 Minuten. Durch diese wird also die wahre Schiefe geändert. Wenn nämlich der wahre Pol in *H* steht, ist *KCL* der wahre Äquator: ist aber derselbe Pol in *I*, so ist *MCN* der Äquator, dessen Schiefe dort 23 Grad 52 Minuten, hier 23 Grad 28 Minuten beträgt.

Die gerade (oder annähernd gerade) Strecke der andern Schwingung aber soll *OEP*, ein Bogen des Kolurs der Nachtgleichen sein, und seine Größe betrage 56 Minuten. Diese verändert den wahren Schnitt des wahren Äquators und damit den wahren Anfang des Tierkreises, von dem aus die Reihe der Zeichen und die Bewegung der Sterne gezählt wird. Denn wenn der wahre Pol in *P* steht, ist der wahre Schnitt der Nachtgleichen in *S*, steht aber jener in *O*, so ist dieser in *Y*, und dieser Bogen *SY* beträgt für Kopernikus 2 Grad und 20 Minuten, in dieser Größe entspricht er nämlich in der Schiefe der Linie *OP*.

Diese Schwingungen setzen ferner diese Ungleichheiten in folgendem Verhältnis untereinander zusammen: 1. Wenn der wahre Pol in *E*, der Mitte beider Schwingungen, steht, fällt der wahre Äquator ganz mit dem mittleren in *FCG* zusammen. 2. Von *E* aus strebt der wahre Pol sowohl nach *H* wie nach *P*; aber in ungleichem Lauf, die Schwingung der Nachtgleichen längs *OP* ist nämlich im Vergleich zur Schwingung der Schiefe längs *IH* doppelt so schnell, weil jene nach der Versicherung des Kopernikus in 1717, diese in 3434 Jahren ganz abläuft. Sobald also der wahre Pol nach *P* gekommen ist, bewirkt die andere Schwingung, daß er zwischen *E* und *H* steht. Durch die zusammengesetzte Bewegung wird daher der wahre Pol nach *Q* entführt und er dreht den wahren Äquator nach *RST* weg, dessen Schiefe zwar noch nicht die größte, dessen Schnitt mit der Ekliptik aber am weitesten vom mittleren entfernt ist, nämlich in *S*. 3. Wenn der wahre Pol aus *Q* oder aus *P* nach *E* zurückkehrt und zugleich auf *EH* weiter aufsteigt, so wird er selber durch den Zug der beiden Schwingungen und die zusammengesetzte Bewegung nach H überführt. Von hier aus gehört zu ihm der wahre Äquator KCL, welcher die größte Schiefe, die BK entspricht, besitzt und die Ekliptik wieder im mittleren Äquinoktium C schneidet. 4. In gleicher Weise kehrt dieser wahre Pol wieder von H nach E zurück und wird von E nach O hinausschreitend wieder nach E zurückgebracht. Wie er von Q nach H gekommen war, so schweift er nämlich jetzt nach β ab. An dieser Stelle ist der wahre Äquator XYZ, der gegenüber dem Äquator RST entspricht. 5. Hernach stellen beide Schwingungen denselben Pol nach E und den wahren Äquator nach FCG wieder auf den alten Platz. In dieser Zeit ist also die Änderung der Nachtgleichen ganz, aber die Schwankung der Schiefe zur Hälfte vollzogen, weil der wahre Pol von E aus zu beiden Enden P und O, jener aber nur zu dem einen H dieser Schwingung hinausgegangen und wieder nach E zurückgekehrt ist. Daher ist der wahre Nachtgleichepunkt, der von C aus nach S und Y überführt worden war, wieder nach C zurückgekommen, und die wahre Schiefe, die von F nach K abgelenkt war, wird wieder mit F vereinigt. Und der Weg des wahren Pols war infolge der zusammengesetzten Bewegungen das halbe Kränzchen $EQH\beta E$. Eine ganz ähnliche gesetzmäßige Reihe von Änderungen wird durchlaufen, wenn der Pol seinen Weg auf der zweiten Hälfte des Kränzchens $E\alpha IVE$ fortsetzt. Von α aus wird nämlich der wahre Äquator nach XSZ verlegt; von I aus nach MCN; von V aus nach XYZ, bis er nach E zurückeilt, wenn auch diese Periode vollendet ist. Und zwar wird in dieser Zeit die ganze Ungleichmäßigkeit $CSCYC$ der Nachtgleichen, aber nur die halbe FMF der Schiefe durchlaufen. Daraus kann man sehen, daß von K bis M die Schiefe vermindert und von M bis K vermehrt wird, daß ferner die wahre Präzession verlangsamt wird, sobald der wahre Frühlingspunkt von S nach Y geht (wenn man annimmt, daß die Präzession des mittleren Frühlingspunktes C von B gegen D geht), deshalb erscheint auch die Bewegung der Fixsterne langsamer, und die Dauer des Sonnenjahres wird vergrößert. Wenn derselbe im Gegenteil von Y nach S strebt, wird die wahre Präzession schnell, und die Bewegung der Fixsterne erscheint hastiger, und das tropische Sonnenjahr wird merklich verkürzt."

S. 78 Z. 32. Vergleiche die Ausführungen S. 40 und 135 ff.

S. 79 Z. 34. Kreisbewegungen, Buch 3 Kap. 16.

S. 80 Z. 3 ff. Siehe S. 54 Z. 32. Nimmt man an, daß der Abstand des Mittelpunktes eines Planetendeferenten M_p von der Sonne S konstant gleich e_1 ist und mit der Richtung zum Sonnenapogäum den Winkel φ bildet, daß ferner die Exzentrizität der Erdbahn $MS = e$ und ihre Änderung in einer gewissen Zeit $\triangle e$ ist, dann erhält man die Exzentrizität MM_p des Planetendeferenten aus dem Dreieck $SM_p M$ nach dem Kosinussatz gleich: $\sqrt{e_1^2 + (e + \triangle e)^2 - 2e_1 (e + \triangle e) \cos(180 - \varphi)}$ oder gleich $\sqrt{e_1^2 + (e + \triangle e)^2 + 2e_1 (e + \triangle e) \cos \varphi}$. Wenn $\varphi = 90$ Grad wird, erhält man also $MM_p = \sqrt{e_1^2 + (e + \triangle e)^2}$. Wenn man nicht große Zeitunterschiede annimmt, bleiben die Änderungen $\triangle e$ sehr klein und infolgedessen im angenommenen Fall die Änderungen des Abstands der Bahnmittelpunkte unterhalb der Beobachtungsgrenzen.

S. 81 Z. 16 und Z. 18. Almagest, Buch 5 Kap. 15 (Heiberg I S. 422 ff) und Kreisbewegungen, Buch 4 Kap. 19 (Jub.-Ausg. S. 280 ff.).

S. 82 Z. 1. Georg Peuerbach (Purbachius) hat seinen Namen von seinem Geburtsort, der südlich der Donau etwa in der Mitte zwischen Passau und Linz gelegen ist. Er ist dort am 30. 5. 1423 geboren, studierte in Wien bei dem Gründer der Wiener Astronomenschule, Johann von Gemünd, ferner auf anderen deutschen, französischen und italienischen Hochschulen. Er war einer der gelehrtesten Männer seiner Zeit und stand mit Nikolaus von Kusa, Bianchini und anderen Gelehrten in Verbindung. Bekannt sind seine „Theoriae novae planetarum". Er hat die „Epitomae in Almagestum" begonnen, starb aber schon, nachdem er 6 Bücher dieses bekannten Lehrbuchs der Astronomie vollendet hatte, in Wien am 8. 4. 1461. Das

Lehrbuch wurde von seinem Schüler und Nachfolger Johannes Regiomontanus vollendet.

S. 82 Z. 20. Caspar macht darauf aufmerksam, daß es sich hier nicht um ein wörtliches Zitat handelt, sondern um einen der Grundgedanken der Schrift Epinomis (Bekker, Bd. IX S. 3 ff.), die dem Plato zugeschrieben wird. S. 936/7, 986/7.

S. 83 Z. 28. Die Übersetzung schließt sich an die von Prowe (Nicolaus Coppernicus II S. 344) im Text angegebene Lesart an. „quam" steht nicht in Correlation zu dem vorangehenden „tam", sondern zu dem durch die Frage angedeuteten Werturteil. Mästlin und die Jubiläumsausgabe schreiben beide statt „quam" noch einmal „quid", obwohl die Herausgeber der letzteren betonen, daß sie die Mästlinsche Fassung nicht einsehen konnten.

S. 84 Z. 32. Eccle 3, 11.

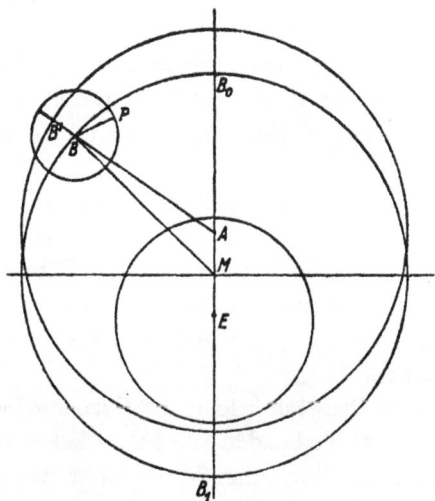

Fig. 17

S. 85 Z. 7 ff. Ptolemäus erklärte die Planetenbewegungen durch einen Epizykel auf einem Exzenter. Ist in Fig. 17 E der Erdmittelpunkt und M der Mittelpunkt des Exzenters, so erhält man durch Verdoppelung der Exzentrizität EM den

Punkt A. Um M und A sind Kreise mit gleichem Halbmesser MB beschrieben. B ist dann der Mittelpunkt des Epizykels mit dem Halbmesser BP. Zieht man noch die Linie AB,
so schneidet diese den Kreis um A mit dem Halbmesser MB
im Punkt B'. Nun soll sich B so im Exzenter M bewegen,
daß er auf dem Strahl AB bleibt und dieser in gleichen Zeiten
gleiche Winkel überstreicht oder daß der Punkt B' sich im
Kreis um A mit der konstanten Winkelgeschwindigkeit ω
bewegt und der Punkt B immer zugleich auf dem Exzenter M
und dem Strahl AB' ist. Man nannte daher den Kreis A den
Ausgleichkreis und den Punkt A den Ausgleichpunkt. Der
Planet P bewegt sich in dem Epizykel so, daß sich der Halbmesser BP gegen den Strahl BA mit konstanter Winkelgeschwindigkeit ω_1 dreht. Dabei bleibt die Apsidenlinie B_0B_1
immer auf den gleichen Punkt des Fixsternhimmels gerichtet.
Bei den oberen Planeten ist ω_1 die mittlere Geschwindigkeit
der Sonne. Bei den unteren Planeten hat dagegen ω diese
Größe. Bei Merkur tauschen überdies noch die Punkte A und
M ihre gegenseitige Lage, und der Exzentermittelpunkt bewegt
sich mit der Geschwindigkeit ω_1 in einem sehr kleinen Kreis
um M.

S. 86 Z. 1. Die Ausgaben haben verschiedene Fassungen.
Prowe (Nic. Copp. II S. 346) hat: „At praeterquam ea, quae . . .,
in Mercurii . . .“. Mästlin streicht die letzte Silbe von „praeterquam“ und die Jubiläumsausgabe läßt die Präposition „in“ weg.

S. 86 Z. 14. Ptolemäus erklärte die Breitenerscheinungen
folgendermaßen:

Bei den oberen Planeten bilden die Exzenterebenen mit der
Ekliptik einen gleichbleibenden Winkel; dabei geht die Schnittlinie beider Ebenen durch den Mittelpunkt der Ekliptik und
steht senkrecht auf der Apsidenlinie des Exzenters, und die
Apogäen sind gegen Norden gerückt. Die Ebene des Epizykels
hat eine veränderliche Neigung: sein Perigäum wird durch
ein Kreischen, das auf der Ebene des Exzenters senkrecht steht
und dessen Mittelpunkt in dieser Ebene liegt, schwingend auf
und ab geführt. Die Bewegung dieses Kreischens ist voll-

kommen synchron mit der Längenbewegung des Planeten und beginnt und endigt im aufsteigenden Knoten. Die Ebene des Epizykels folgt dieser Bewegung derart, daß der auf seiner Apsidenlinie senkrechte Durchmesser beständig parallel zur Ekliptikebene bleibt.

Noch komplizierter ist die Erklärung dieser schlingernden Bewegung bei den unteren Planeten: Die verhältnismäßig geringe Neigung der Exzenterebenen, die bei Venus das Apogäum nach Norden, bei Merkur aber nach Süden rückt, solange der Planet im erdfernen Halbkreis verweilt, schlägt in dem Augenblick um, in welchem der Planet in den erdnahen Bogen übertritt, so daß durch diese Neigung Venus immer gegen Norden, Merkur immer gegen Süden geführt wird. Die Schwingung des Epizykelapogäums geht von der Exzenterebene aus gegen Norden, wenn Venus im Perigäum ihres Exzenters, Merkur im Apogäum des seinigen steht. In dem am weitesten in der Länge vorgerückten Endpunkt des zur Apsidenlinie des Epizykels senkrechten Durchmessers, der bei den oberen Planeten immer parallel zur Ekliptik war, sitzt ein weiteres zur Ekliptik senkrechtes Kreischen, das sich ebenfalls synchron mit der Längenbewegung des Planeten um den genannten Punkt dreht. Dieses Kreischen führt nun den genannten Endpunkt des Epizykeldurchmessers mit sich zunächst nordwärts und beginnt bei Venus von dem Punkt aus, in dem die Epizykelbewegung sich zur Längenbewegung des Exzenters zu addieren beginnt, bei Merkur aber vom Anfang des Bogens, dessen Längenbewegung subtrahiert wird.

S. 87 Z. 12. Siehe Regiomontan: Epitome in Almagestum Ptolemei, Buch 13 Satz 21 (Ausgabe 1543. S. 261).

S. 87 Z. 27. Metaphys. Buch 12 Kap. 8 (Bekker, S. 1073 b).

S. 87 Z. 33. Plutarch, Sympos. 8,2 p. 718.

S. 88 Z. 2. Aus Platons Phädrus (Bekker, Bd. I S. 156).

S. 88 Z. 34 ff. Nach Kopernikus kommt die Längenbewegung der oberen Planeten auf folgende Weise zustande: Der Mittelpunkt D (Fig. 18) der „großen Bahn" bewegt sich auf die früher beschriebene Weise und führt dabei die Apsidenlinie

DA des Planetenexzenters so mit sich, daß sie sich immer parallel bleibt, also immer nach demselben Punkt der Fixstern-kugel gerichtet ist. Der Abstand des Erdmittelpunktes vom Ausgleichpunkt des Ptolemäus wird in vier gleiche Teile geteilt und auf der Apsidenlinie wird dann die Strecke DC gleich drei Vierteln dieser doppelten Exzentrizität ab-getragen. Um Punkt C wird dann der Exzenter-kreis gezogen, der die Apsidenlinie im Apogäum A und Perigäum B schnei-det. Der Exzenterkreis trägt den Mittelpunkt F eines Epizykels, dessen Halb-messer gleich einem Viertel der doppelten Exzentrizität ist. Der Epizykelmittel-punkt bewegt sich gegen die Apsidenlinie gleichmäßig im Exzenter vorwärts, und so oft er in das Apogäum A des Deferenten fällt, steht der Planet im Perigäum P_0 des Epizykels. Von hier aus bewegt er sich gegen die Linie CF in gleichem Drehsinn wie F und mit gleicher Winkelgeschwindigkeit, so daß immer der Winkel PFC gleich dem Winkel ACF ist. Infolgedessen kommt der Planet in das Apogäum P_1 des Epizykels, sooft sein Mittel-punkt F in das Perigäum B des Deferenten fällt.

Auch bei Venus und Merkur (Fig. 19) werden die Punkte D und C auf der Apsidenlinie wie bei den oberen Planeten kon-struiert. Um den Punkt C wird mit dem letzten Viertel der doppelten Exzentrizität der Kreis beschrieben, dieser über-nimmt die Funktion des Deferenten der oberen Planeten, wird aber von Kopernikus erster Exzenter genannt. Auf ihm bewegt sich der Punkt F so vorwärts, daß er im Punkt B dem Erd-bahnmittelpunkt D am nächsten ist, steht, sooft der Erdmittel-

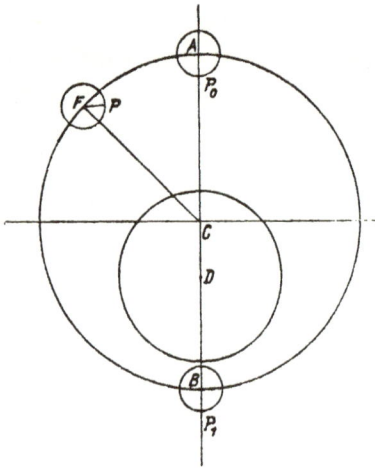

Fig. 18

punkt in die Apsidenlinie, also in die Punkte *I* oder *K* fällt.
F durchläuft also den ersten Exzenter zweimal im Jahr. Den
Kreis um *F* mit dem Halbmesser *FL*, der im eigentlichen Sinn
Bahnkreis der Venus ist, nennt Kopernikus zweiten oder be-

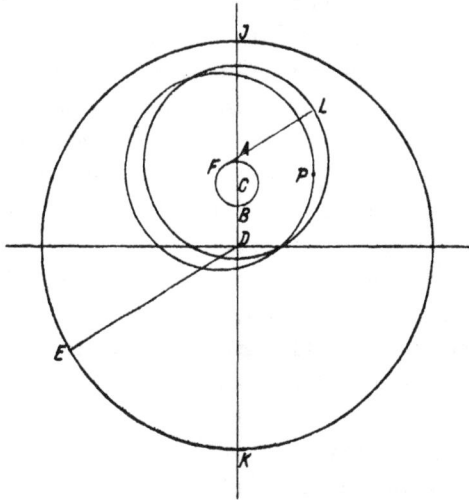

Fig. 19

weglichen Exzenter. In ihm bewegt sich Venus *P* mit ihrer
eigenen konstanten Winkelgeschwindigkeit, wenn man diese
Bewegung von dem Halbmesser *FL* aus mißt, der zum
erdfernsten Punkt *L* des zweiten Exzenters führt.

Beim Merkurstern befindet sich im Punkt *P* der Mittelpunkt
eines dritten kleinen Kreises, der fest mit der Ebene des beweglichen Exzenters verbunden ist; auf seinem zum Punkt *F*
gerichteten Durchmesser schwingt Merkur hin und her. Sooft der Mittelpunkt der Erde sich in den beiden Punkten *I*
oder *K* befindet, fällt der Mittelpunkt des beweglichen Exzenters in den Punkt *A*, der vom Mittelpunkt *C* des festen
Exzenters den größten Abstand hat, und zugleich befindet sich
der Planet in dem Endpunkt des Durchmessers des zweiten
kleinen Kreises, der dem Mittelpunkt *F* des beweglichen Exzenters am nächsten steht. Dabei macht der Mittelpunkt *P*

des kleinen Kreises in rund 80 Tagen einen vollen Umlauf gegen die Fixsternsphäre.

S. 94 Z. 10. Zu diesem Hinweis auf die Möglichkeit einer Parallaxe des Mars hatte Mästlin in der Erstausgabe des Weltgeheimnisses seine Freude darüber zum Ausdruck gebracht, daß Tycho Brahe in einem Brief an Peucer vom 13. September 1588 (Tychonis Brahei Opera Omnia Ed. J. L. E. Dreyer.Tom. VII, 1924, S. 129) mitteilte, daß seine Gehilfen eine Marsparallaxe beobachtet hätten, die größer war als die der Sonne. Eine solche Beobachtung wäre ein gewichtiger Beweis für die Richtigkeit des Kopernikanischen Weltsystems gewesen, weil sich beim geozentrischen Aufbau der Welt Mars der Erde nicht mehr nähern kann als die Sonne. In der zweiten Ausgabe des Weltgeheimnisses fügt er dann einen weiteren Zusatz bei, in dem er seine Freude widerruft, weil Kepler im Kapitel 11 der „Neuen Astronomie" (Übersetzung von Caspar, München-Berlin 1929, S. 115) nachgewiesen hatte, daß Brahe dabei das Opfer eines Irrtums geworden war. In der Tat liegt die größte Parallaxe des Mars mit ihren 25″, wie die der Sonne mit nicht ganz 9″ unter der damaligen Grenze der Beobachtungsgenauigkeit.

S. 96 Z. 36. Mästlin hat hier statt 16 die Zahl 19.

S. 99 Z. 11. Auch hier übersetze ich nach dem Text der Erstausgabe, den Prowe (Nic. Coppernicus II, S. 358 Anm.) angibt. Er nennt ihn zwar ganz verderbt und fügt nach dem Vorgang Mästlins hinter „eclipticae" das Wort „planum" ein, während die Jubiläumsausgabe „eclipticae" in „eclipticam" umändert. Alle beiden Änderungen ergeben keinen verständlichen Sinn. Beide sehen „Dracones" als Apposition an, und infolgedessen fehlt ihnen nachher das Accusativobjekt; im Urtext ist aber „Dracones" Accusativobjekt, durch das Rhetikus, wie er es liebt, die zusammengehörenden Wörter „lineae propriae diversitatis deferentium" trennt, um nicht den genitivus qualitatis unmittelbar neben den genitivus possessivus zu stellen.

S. 99 Z. 20. Mit Mästlin denke ich „eam" durch „lineam" ersetzt.

S. 100 Z. 35. Mästlin hat hier an Stelle von „latitudinis quoque apparentis" die Lesart: „latitudo quoque apparens". Der Sinn erfährt dadurch keine Änderung.

S. 101 Z. 3. Da nicht alle Breitenerscheinungen als Folge der Erdbewegung und einer festen Neigung der Exzenterebenen erklärt werden konnten, mußte Kopernikus auch besondere Breitenbewegungen annehmen: Die Exzenterebene ABC (s. Fig. 20) ist bei den oberen Planeten gegen die Erdbahn E_1FE_2G

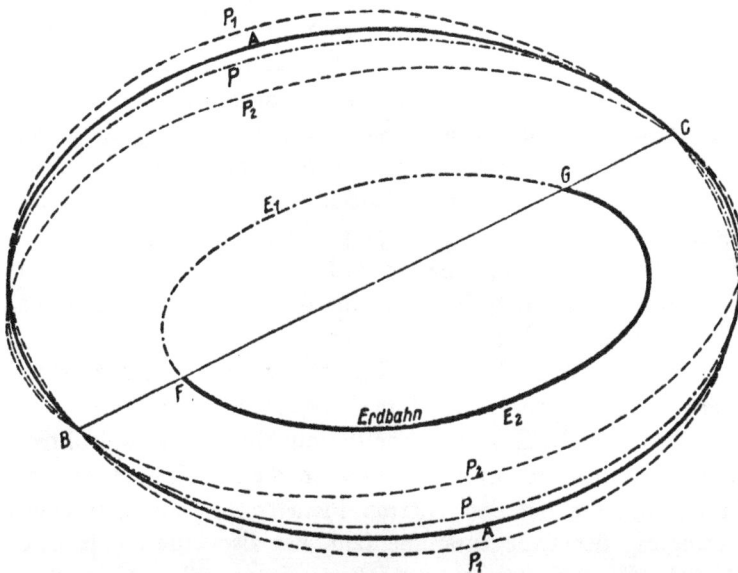

Fig. 20

geneigt, aber diese Neigung ist veränderlich. Um die Mittellage PBC schwingt sie in der Achse BC, die senkrecht auf der Verbindungslinie der Bahnmittelpunkte steht, nach beiden Seiten bis zu den Grenzlagen P_1BC und P_2BC hin und her. Die Periode dieser Schwingung ist die der sog. Kommutationsbewegung, d. h. gleich der Umlaufzeit des Planeten zwischen zwei aufeinanderfolgenden Oppositionen des Gestirns zur

Sonne. Ist die siderische Umlaufzeit der Erde T_1, die des Planeten T_2 und die Periode der Kommutationsbewegung T, dann erhält man die Gleichung:

$$\frac{2\pi}{T_1} T - \frac{2\pi}{T_2} T = 2\pi,$$

weil ja die Erde einen Umlauf mehr vollendet als das Gestirn. Hieraus erhält man für T die Beziehung:

$$T = \frac{T_1 T_2}{T_2 - T_1} \qquad \ldots \ldots \ldots \ldots (16)$$

Die obere Schwingungsgrenze wird erreicht, wenn die Erde dem Planeten am nächsten steht, also zur Zeit der Opposition, und die untere, wenn die Erde die größte Entfernung vom Planeten hat, somit bei den Konjunktionen. Befindet sich der Planet in einem der beiden Knoten B oder C, so zeigt er, wo auch die Erde sich in ihrer Bahn befinden mag, keinerlei Breitenabwanderung. In den Zwischenlagen kann aus der Anomalie der Kommutationsbewegung zuerst der Neigungswinkel der Exzenterebene, aus diesem und dem augenblicklichen Ort des Planeten in seinem Exzenter und der Erde in ihrer „großen Bahn“ die Breite berechnet werden.

Bei den unteren Planeten (Fig. 21) wird eine gleichgeartete Schwingung angenommen, ihre Achse fällt aber mit der Verbindungslinie $E_1 E_2$ der Bahnmittelpunkte, der Apsidenlinie, zusammen. Sie verläuft zweimal während einer Kommutationsbewegung, die bei den unteren Planeten mit der jährlichen Bewegung der Erde zusammenfällt, hat also eine halbjährige Periode. Die äußerste Lage ADB mit dem größten Neigungswinkel gegen die Ekliptikebene erreicht sie, sooft die Erde auf der Apsidenlinie des Planeten, d. h. in den Punkten E_1 und E_2 steht, die andere Grenzlage AFB mit dem kleinsten Winkel gegen die Ekliptik, wenn die Erde sich in den Quadraturen E_3 und E_4 befindet, über die Mittellage ACB geht die Schwingung hinweg, sooft die Erde die Mitten zwischen den genannten Örtern erreicht. Von E_1 und E_2 aus betrachtet wurden diese Breiten von den Alten Obliquationen oder auch

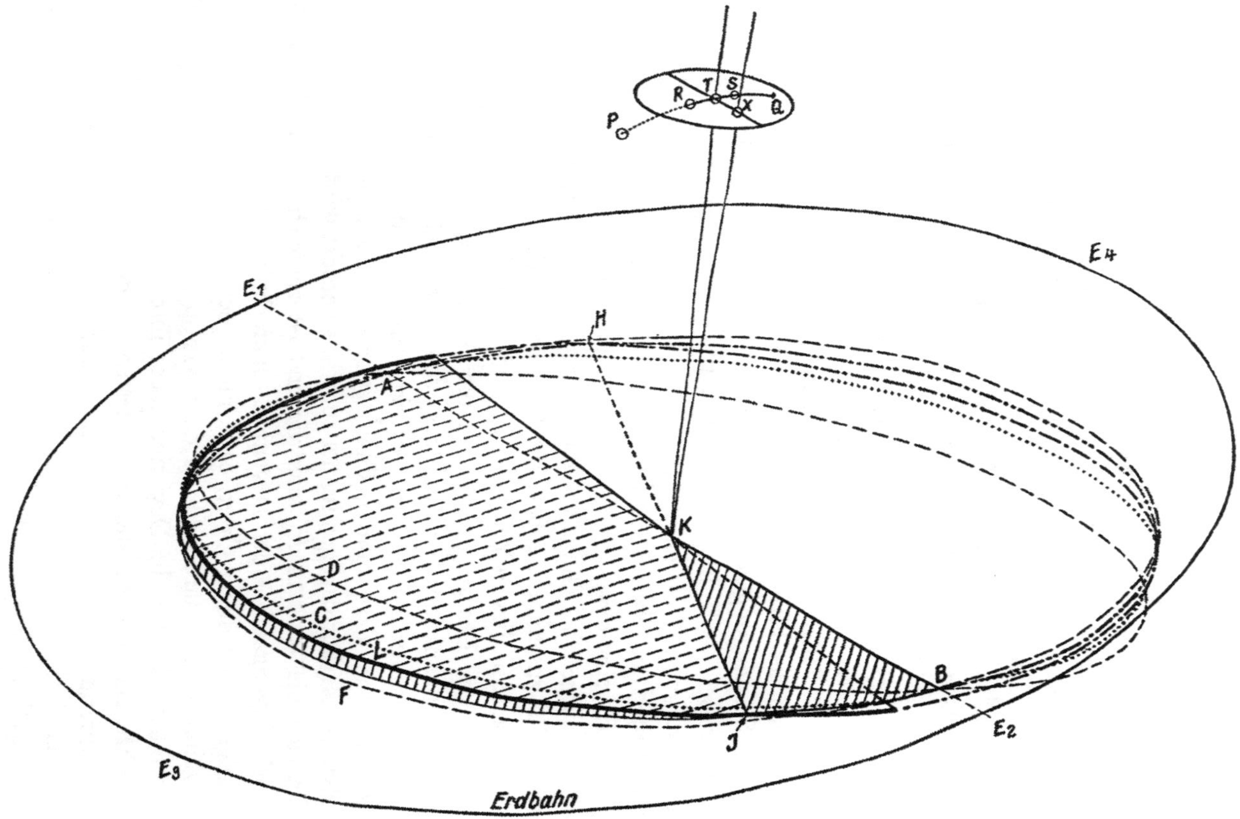

Fig. 21

Erdbahn

Reflexionen genannt, von E_3 oder E_4 aus gesehen aber Deklinationen.

Diese Schwingung kann noch nicht alle Breitenerscheinungen bei den unteren Planeten erklären; deshalb überlagert ihr Kopernikus eine zweite Schwingung, die er Deviation
nannte, weil sie der gleich benannten ptolemäischen Bewegung
ähnlich ist. Die Bahnebene des Planeten HLI schwingt um
einen beweglichen Durchmesser IKH des wahren Obliquations-
exzenters. Dieser Durchmesser dreht sich so um den Mittelpunkt K des Obliquationskreises, daß der Planet immer den
einen Endpunkt, z. B. I dieser Achse einnimmt, wenn die
Erde in E_3 steht, und den andern H, wenn die Erde in E_4
ist. In beiden Fällen zeigt der Planet keine Deviation. Dagegen
befindet sich der Planet in dem entsprechenden Endpunkt des
zu dieser Schwingungsachse senkrechten Durchmessers des De-
viationskreises, sooft die Erde in die Apsidenlinie $E_1 E_2$ tritt.
Die Schwingung selbst hat ihren größten Ausschlag nach den
beiden Seiten der Obliquationsebene, wenn die Erde die Punkte
E_1 und E_2 einnimmt; dagegen nimmt die Deviationsebene
ihre Mittellage ein, fällt also mit der wahren Obliquationsebene AFB zusammen, sobald die Erde in E_3 oder E_4 steht.
Da der Planet in diesem Zeitpunkt in I oder H steht, schwingt
die Hälfte der Deviationsebene, in die er übertritt, auf die
Seite der Obliquationsebene hinüber, von welcher der Planet
soeben gekommen ist. So wird bewirkt, daß Venus durch die
Deviation von der wahren Obliquationsebene aus immer
nordwärts, Merkur dagegen immer südwärts gerückt wird. Befindet sich die Erde in E_1 oder E_2, und ist zugleich einmal
die Schwingungsachse der Deviation senkrecht auf der Ver-
bindungsgeraden dieser Örter, dann müßte der Planet infolge
der Obliquation in die Punkte A oder B, also in die Ekliptikebene fallen; da aber die Deviationsebene ihren größten Ausschlag hat, und da der Planet am weitesten von der Deviations-
achse entfernt ist, so zeigt der Planet auch bei dieser Lage
eine Breite, die der größten Deviation entspricht; Venus ist
dann nördlich, Merkur südlich.

Dieser verwickelte Mechanismus, der im wesentlichen der Theorie des Ptolemäus nachgebildet ist, war dem Kopernikus zu wenig übersichtlich, und er war auch nach der Niederschrift der Kreisbewegungen noch bemüht, die Breitenbewegungen klarer darzustellen. Wie bei der Präzession und der Änderung der Schiefe der Ekliptik will er dieses Ziel durch die Betrachtung der Ebenenpole erreichen. Bei den Schwingungen der Obliquationsebene durchläuft nämlich der Pol dieser Ebene auf einer Kugel um den Mittelpunkt K, einen Großkreisbogen RSQ, dessen Ebene senkrecht auf der Ekliptik steht und durch die Punkte $E_3 E_4$ und den Ekliptikpol P geht, und er fällt auf Q, wenn die Erde in E_1 und E_2 ist; befindet sich diese aber in E_3 und E_4, dann nimmt er das andere Ende R des Bogens ein; viermal im Jahr, wenn die Erde durch die Mitte zwischen den Apsiden und den Quadraturen wandert, trifft er auf den Punkt S, so macht er zwei vollständige Schwingungen über diesen Bogen in jedem Jahr. Der Winkel RKS, bzw. QKS muß gleich dem Winkel zwischen der mittleren Obliquationsebene und ihren äußersten Lagen ADC oder AEC sein. Da die wahre Obliquationsebene gleichzeitig die mittlere Deviationsebene ist, muß ihr Pol T Mittelpunkt eines Kreises sein, den dieser Pol bei seiner Bewegung mitführt und dessen Halbmesser gleich dem größten Neigungswinkel der Deviationsebene gegen die wahre Obliquationsebene ist. Auf einem Durchmesser dieses Kreises führt der wahre Deviationspol X in einem Jahr eine volle Schwingung aus, während sich der Kreis samt dem genannten Durchmesser gleichmäßig um seinen Mittelpunkt dreht. Die Drehgeschwindigkeit und die Anfangsstellungen sind so gewählt, daß die Schnittlinie zwischen der wahren und der mittleren Deviationsebene sich in der weiter oben geschilderten Weise dreht, daß also der Planet in den einen Endpunkt I fällt, wenn die Erde in E_3 steht, und in den Endpunkt H, wenn sie in E_4 ist.

Als Rhetikus den „Ersten Bericht" schrieb, hatte er das 6. Buch der Kreisbewegungen, in dem die Polbewegung nicht erwähnt ist, noch nicht gründlich durchstudiert, wie er selbst erwähnt. Daraus ist zu schließen, daß seine Darlegungen sich auf die mündlichen Unterweisungen des Meisters stützen. Dieser muß also die Breiten durch die Polbewegungen der Planetenexzenter erklärt haben. Ein erstes Lesen des Abschnitts, in dem Rhetikus die Breitenbewegungen schildert, erweckt nun den Eindruck einer weitgehenden Vereinfachung. Es scheint, als ob der Pol nur auf dem Durchmesser eines um den festen Punkt T sich drehenden Kreises seine Schwingungen ausführen müßte. Gewiß entstände durch eine derartige Polbewegung eine Planetenbahn, die sich ähnlich wie die Mondbahn um die Ekliptik herumschlingt; aber eine Berechnung aller bei dieser Vereinfachung möglichen Bewegungsformen zeigt Abweichungen in den Ergebnissen, die über eine Korrektur der „Kreisbewegungen" weit hinausgehen. Auch die Verfolgung der von Rhetikus angeführten Sonderfälle führt zu Unstimmigkeiten. Daraus ist ersichtlich, daß der Bericht des Rhetikus nicht zur Annahme berechtigt, Kopernikus habe seine Breitentheorie nach der Niederschrift der „Kreisbewegungen" geändert.

Bei genauerem Zusehen erkennt man denn auch, daß der auf S. 104 Z. 8 genannte „bewegliche Kreis" von dem oben, Z. 3, mit den gleichen Worten erwähnten unterschieden werden kann; die Einleitung dieses Satzes mit „porro" begünstigt diese Auffassung, da das Neue, auf das dieses als Satzverbindung benützte Adverb hinweist, nicht unbedingt in der drehenden Bewegung gesehen werden muß. Ferner stellt sich ganz klar heraus, daß zwei Schwingungen vorhanden sein müssen, die Z. 19 ff. genannte mit halbjähriger Periode und die auf der gleichen Seite in Z. 36 ff. geschilderte, deren Periode ein Jahr beträgt, da ja in dem S. 73 ff. beschriebenen Schwingungsmechanismus der erste kleine Kreis die Periode der Schwingung bestimmt. Man beachte noch, daß infolgedessen zwei mittlere Ebenen unterschieden werden müssen, nämlich die der Obliquation (in Fig. 21 ACB), die S. 103 Z. 27 und S. 104 Z. 3 erwähnt und an der ersten Stelle mit Recht als fest bezeichnet ist, von derjenigen der Deviation, die mit der wahren Obliquationsebene (in Fig. 21 *ALB*) zusammenfällt und S. 104 Z. 27 gemeint sein muß. Der auf S. 104 Z. 19 beginnende Satz ist auf den ersten „beweglichen Kreis", in dem die Obliquationsschwingung vor sich geht, zu beziehen, und der auf S. 104 Z. 23 beginnende Abschnitt spricht nur von der Deviation. So ist trotz der verworrenen Darstellung die oben geschilderte Polbewegung nicht zu verkennen.

Freilich ist die Unklarheit dieser Ausführungen nicht nur durch die Schwierigkeit des Stoffs und die noch nicht hinreichende Beschäftigung des Verfassers mit ihm verursacht. Der Lehre des Kopernikus von den Breitenbewegungen der unteren Planeten haftet im Gegensatz zu der sonstigen Klarheit seines Werkes eine gewisse Unbestimmtheit an, weil er nirgends die Rotationsgeschwindigkeit der Knotenlinie zwischen der Obliquations- und Deviationsebene genau bestimmt hat. Er gibt stets nur an, daß sie die einmalige Rückkehr der Planeten zu ihrem Ausgangsknoten in einem Jahr bewirken muß. Diese Wirkung kann aber erreicht werden, sowohl wenn die Rotation der Knotenlinie schneller ist als der Planet, als auch wenn sie langsamer ist. Nach der Gleichung 16 auf S. 178 mußte Kopernikus bei Venus als Umlaufzeit der Knotenlinie im ersten Fall $5^{1}/_{7}$, im zweiten 36 Monate erhalten, weil er die siderische Umlaufzeit der Venus auf 9 Monate festgestellt hatte. Da aber diese Umlaufzeit nicht mit der Wirklichkeit übereinstimmte, konnte er weder mit dem einen noch mit dem andern Wert eine hinreichende Übereinstimmung mit den Beobachtungen finden, und weil für Merkur keine genügend genauen Beobachtungen vorlagen und ihm an seinen nördlichen Aufenthaltsorten die Beobachtung dieses Planeten unmöglich war, konnte er in dieser Frage keine Entscheidung treffen.

S. 106 Z. 34 Ovid. ars am. I, 772.

S. 108 Z. 6. Alcinoi in Platonicam Philosophiam Introductio, Kap. I (Ausgabe OXONIAE, 1667, S. 2).

S. 108 Z. 14. Das Wörtchen „recte" der Urausgabe ist von Mästlin und allen späteren Herausgebern unterdrückt worden. Die Übersetzung nimmt es wieder auf.

S. 108 Z. 20. Aristoteles: Über die Welt (Bekker, S. 391a).

S. 109 Z. 16. Beckmann hat diese astrologischen Sätze als einen Scherz bezeichnet. Es kann aber keinem Zweifel unterliegen, daß der Verfasser sie mit vollem Ernst niederschrieb, denn er selbst war ein eifriger Anhänger der Astrologie und stand in dieser Beziehung dem Adressaten kaum nach.

S. 109 Z. 20. Die Übersetzung des Abschnitts aus der siebten olympischen Ode des Pindar ist dem im Inselverlag erschienenen Büchlein: Pindars Olympische Hymnen, übersetzt und eingeleitet von Franz Donseiff entnommen. Rhetikus hat die Stelle im Urtext angeführt.

S. 110 Z. 27. Rhodos wurde 1522 den Johannitern von den Türken entrissen.

S. 112 Z. 15. Kurz zuvor waren Schriften von Aeneas Sylvius, von Erasmus Stella, 1514 das Gedicht des Helius Eobanus Hessus über Preußen erschienen.

S. 112 Z. 31. Dieses Bild ist veranlaßt durch Vers 49ff. der oben zitierten siebten olympischen Ode des Pindar.

S. 113 Z. 8. Vitruv. VI praef. (Krohn: Vitruvii de architectura libri decem. Lpz. 1912 S. 120).

S. 113 Z. 34. I Tim 3, 1—7; Tit 1, 7—9.

S. 114 Z. 14. Johannes Angelus, der 1512 starb, lehrte Astronomie an den Universitäten Ingolstadt und Wien. Schon die Lehrstühle, die er inne hatte, zeigen, daß man sich viel von ihm versprach. In den Ephemeriden auf sein Todesjahr steht: „weil er bisher die Beweise für die Unrichtigkeit der Planetenbewegungen nicht veröffentlichen wollte, bis die schon begonnene größere Arbeit zur Verbesserung der Bewegungen zu Ende geführt sei". Da uns nur Bruchstücke seiner Werke übriggeblieben sind, kennen wir seine Anschauungen nicht. Krakauer Astronomen tadeln ihn, weil er von den „ausgezeichnetsten Astronomen abweiche".

S. 115 Z. 3. Kopernikus hat sich viel mit der Pythagoräischen Vorschrift über die Geheimhaltung der tiefsten wissenschaftlichen Erkenntnisse beschäftigt. Am geplanten Schluß des 1. Buches der Kreisbewegungen hatte er den unterschobenen

Lysisbrief an Hipparch in Anlehnung an Bessarion in lateinischer Sprache wiedergegeben, bei der Zusammenziehung des
Werkes von 8 auf 6 Bücher aber gestrichen; auch in der Vorrede an den Papst Paul III. begründet er seine Bedenken gegen
die Veröffentlichung seines Werkes durch den Hinweis auf
jene Vorschrift.

S. 115 Z. 19. Siehe Diog. Laert. VIII, 46 (Ausgabe von C.
Gabr. Cobet, Paris 1850, S. 215) und Cicero de nat. deorum
I, 5 (Ausgabe von G. F. Schoemann, Berlin 1876, S. 39).

S. 116 Z. 2. Aristoteles: Über den Himmel II 14 (Bekker,
S. 297a). Der folgende Abschnitt nimmt Bezug auf den übrigen Inhalt dieses Kapitels.

S. 116 Z. 23. Prowe nennt den Urtext zu Unrecht verderbt;
Mästlin hatte das Wörtchen „item" gestrichen.

S. 117 Z. 7. Averroes super XII Methaph.

S. 117 Z. 30. Giese schenkte diese Sonnenuhr im Jahre 1543
dem Herzog Albrecht von Preußen und bemerkt in dem Begleit-
brief, sie sei: „dasselbig Instrument oder gnomon, welchs der
hochgelarte Mathematicus Joachimus Rheticus In seinem
Buchlein hochgepreiset und bey uns gesehen sich rhumen thut".

S. 117 Z. 36. Johannes von Werden war mit der Familie
des Kopernikus verwandt.

S. 118 Z. 17. Plato Phaedon,   93ff. (Bekker, Bd. 5 S. 296ff).

S. 118 Z. 23. Siehe Aristoteles de anima 3 (Bekker, S. 406b),
Metaphysik I 5 (Bekker, S. 985b); Macrob. somnium Scip. I 14
(Eyssenhardt, Leipzig 1868, S. 531), Plutarch plac. phil. IV 2
(Ausgabe von Budaeus 1516. Fol. XXIII).

S. 118 Z. 30. Plato de rep. V (Bekker, Bd. VI S. 548).

S. 118 Z. 31. Justin. hist. IX 2.

S. 119 Z. 11. Euripides Bellerophon ap. Stob. Flor. 115, 2
(Ausgabe von Curtius Wachsmuth, Berlin 1884, Bd. V S. 1020).

VERZEICHNIS DER WICHTIGSTEN
ASTRONOMISCHEN FACHAUSDRÜCKE

Alfonsinische Tafeln heißen die Tafeln der Planetenörter, die auf Veranlassung des Königs Alfons X. von Kastilien neu berechnet wurden. Schon vor seiner Thronbesteigung hatte er um 1250 eine Konferenz aller damals bekannten Astronomen einberufen und ihr die Aufgabe gestellt, die Astronomie des Ptolemäus zu verbessern.

Anomalie (von ἀνωμαλία = Ungleichmäßigkeit) ist der Winkel, um den sich ein Kreis, der durch gleichmäßige Rotation eine ungleichmäßige Bewegung hervorruft, seit der Ausgangslage gedreht hat; ist die Periode der Umlaufszeit T und die seit dem Anfangszustand verflossene Zeit t, dann beträgt die Anomalie $\frac{360 \cdot t}{T}$ Grade.

Apogäum (Rhetikus schreibt meist apogium) ist im alten Weltsystem der Punkt eines exzentrischen oder epizyklischen Kreises, der von der in der Weltmitte feststehenden Erde die größte Entfernung hat. Im Kopernikanischen System ist es der Schnittpunkt einer Planetenbahn mit der Geraden durch den Sonnen- und den Erdmittelpunkt, der am weitesten von der Erde entfernt ist. Häufig wird nicht dieser Punkt selbst, sondern seine Projektion auf die Himmelsekliptik mit dem Wort bezeichnet.

Apsiden (vom griechischen ἀψίς = Verknüpfung, Radreif; vielfach absis geschrieben) bedeutet in der Mathematik einen Kreisbogen, in der Astronomie meist einen Kreisbogen beim Apogäum oder Perigäum. Die Apsidenlinie ist bei den Alten die Verbindungsgerade dieser beiden Punkte, bei Kopernikus die Gerade durch den Mittelpunkt der Sonne und durch den der (exzentrischen) Planetenbahn.

Äquator heißt der Schnittkreis der Ebene, die im Erdmittelpunkt auf der Erdachse senkrecht steht, mit der Himmels- oder auch mit der Erdkugel. Der Himmelsäquator ist auch im Kopernikanischen Weltsystem ein fester Kreis, weil die von der Schiefe der Ekliptik verursachten Parallelverschiebungen der Äquatorebene gegen die Größe der Himmelskugel verschwindend klein sind.

Äquinoktium oder Nachtgleiche tritt ein, wenn die Sonne in einem der Schnittpunkte zwischen Himmelsäquator und Ekliptik erscheint, weil dann die Grenze zwischen dem belichteten und unbelichteten Teil der Erdoberfläche durch beide Pole gehen muß, so daß alle Parallelkreise der Erde durch diese Grenze halbiert werden, also überall der Tag gleich der Nacht ist. Nach den Kopernikanischen Anschauungen müßte man sagen: Nachtgleiche tritt ein, wenn die Schnittgerade zwischen Äquator- und Erdbahnebene durch den Sonnenmittelpunkt geht. Den Schnittpunkt, bei dem die Sonne in die nördliche Halbkugel überzutreten scheint, nennt man Frühlingspunkt, den gegenüberliegenden Herbstpunkt.

Aszensionaldifferenz. Legt man durch einen Stern und die beiden Himmelspole den Halbkreis, so nennt man die Entfernung des Frühlingspunktes vom Schnittpunkt dieses Halbkreises mit dem Äquator die Rektaszension oder gerade Aufsteigung des Sterns, wenn diese Entfernung vom Frühlingspunkt aus in der Richtung der jährlichen Sonnenbewegung gemessen und in Vierundzwanzigsteln des Kreisumfangs, also in Stunden angegeben wird. Der Name rührt davon her, daß dieser Stern für einen Ort auf dem Erdäquator ebensoviel Stunden nach dem Frühlingspunkt aufgeht wie der genannte Schnittpunkt und senkrecht an der Himmelskugel aufsteigt. Legt man nun noch durch den Stern den Horizont, der zur Polerhebung φ gehört, dann schneidet dieser den Äquator in einem zweiten Punkt, dessen ebenso gemessener Abstand vom Frühlingspunkt die schiefe Aufsteigung heißt. Für einen Ort mit der geographischen Breite φ geht nämlich dieser Äquatorpunkt zugleich mit dem Stern auf, beide steigen aber nicht senkrecht, sondern schief empor. Der Unterschied beider Aufsteigungen führt den Namen Aszensionaldifferenz und ist für die Astronomie sehr wichtig, weil er für die betreffende geographische Breite den halben Unterschied zwischen Tag und Nacht angibt, wenn als Stern die Sonne gewählt wird.

Der Tag ist länger als die Nacht, wenn die schiefe Aufsteigung kleiner ist als die gerade.

Ausgleichpunkt ist bei Ptolemäus der Punkt der Apsiden-linie, von dem aus die Bewegung des Gestirns gleichmäßig erscheint. Ausgleichkreis ist der Kreis um diesen Punkt mit dem Bahnhalbmesser.

Deferent ist ein Kreis, der den Mittelpunkt eines zweiten (meist kleineren)Kreises, des sog. Epizykels, auf seinem Umfang trägt. Man nennt ihn auch Trägerkreis oder Hauptkreis.

Deklination kommt in verschiedenen Bedeutungen zur An-wendung. Kopernikus versteht darunter 1. den Bogen auf dem Meridian durch den Stern zwischen Äquator und Stern, 2. den Winkel zwischen zwei Ebenen, wenn er in der Richtung senkrecht zur Schnittgeraden betrachtet wird, 3. den Winkel zwischen Erdbahnebene und der Ebene der ersten Breiten-schwingung der unteren Planeten, wenn die Erde 90 Grad von den Apsiden entfernt ist.

Deviation bezeichnet in der alten Astronomie eine Schwin-gung des Exzenters der unteren Planeten, durch welche Venus immer nach Norden, Merkur immer nach Süden verschoben wird und die eine einjährige Periode hat. Kopernikus behält den Namen für seine etwas anders geartete Schwingung bei (s. S. 103 Z. 6 ff.).

Drachen. Wegen der Neigung der Bahnebenen des Mondes und der Planeten gegen die Erdbahnebene schlängeln sich ihre sichtbaren Bahnen um die Ekliptik, so daß einem Bogen gegen Norden immer einer gegen Süden folgt, wobei der eine größer ist als der andere; diese einer verzerrten Sinuslinie ähnliche Figur erhielt bei den Alten den Namen Drachen, der Anfang des größeren Bogens hieß Drachenkopf, das kleinere Ende Drachenschwanz.

Ekliptik bezeichnet die scheinbare Sonnenbahn am Fix-sternhimmel, sie führt mitten durch den Tierkreis hindurch. Ihr Name rührt daher, daß der Mond auf dieser Linie stehen muß, wenn eine Sonnen- oder Mondfinsternis stattfinden soll (ἐκλείπειν = aussetzen, aufhören).

Epizykel nennt man in der Astronomie einen Kreis, dessen Mittelpunkt auf dem Umfang eines anderen Kreises befestigt ist, so daß er von der Drehung dieses Trägerkreises mitgeführt wird.

Exzenter ist ein Kreis, dessen Mittelpunkt nicht mit dem Weltmittelpunkt, bei Ptolemäus der Erde, bei Kopernikus der Mitte der Erdbahn, zusammenfällt. Exzenterepizykel ist ein Epizykel auf einem Exzenter.

Exzentrizität heißt der Abstand des Exzentermittelpunktes vom Weltmittelpunkt.

Geozentrisches Weltsystem nennt man die Anschauung des Ptolemäus über den Bau der Welt, weil sie annimmt, die Erde sei der Mittelpunkt der Welt.

Gleichung nennt man den Winkel, um welchen der wahre Ort eines beweglichen Punktes von seinem errechneten mittleren Ort entfernt ist.

Heliozentrisches Weltsystem nennt man die Lehre des Kopernikus vom Aufbau der Welt, nach der die Sonne im Mittelpunkt der Welt ist.

Hypothesen sind die Grundannahmen über den Bau der Welt und die Bewegungen der Gestirne, die aus den metaphysischen Ansichten der philosophischen Schulen hergeleitet sind und denen man daher Wahrheitswert zuschrieb. Den Sinn der Fiktion, der Arbeitshypothese ohne Anspruch auf Wahrheitsgehalt, den Osiander in seiner unterschobenen Vorrede dem Wort gibt, hat es bei Kopernikus nicht.

Jahr. Man unterscheidet das siderische Jahr, die Zeit zwischen zwei aufeinanderfolgenden Durchgängen der Sonne durch denselben Punkt der Ekliptik, vom tropischen Jahr, der Zeit zwischen zwei aufeinanderfolgenden Durchgängen der Sonne durch den Frühlings- oder Herbstpunkt. Das bürgerliche Jahr soll gleich dem tropischen sein, aber seine historischen Formen zeigten bis zur Kalenderreform erhebliche Abweichungen. Seine wichtigsten Formen sind das ägyptische Jahr, das aus 12 Monaten zu 30 Tagen und 5 Schalttagen bestand, und das julianische mit 365 ¼ Tagen.

Koluren nennt man die Großkreise, welche durch die Pole der Ekliptik einer- und durch die Äquinoktialpunkte oder Solstitien andererseits hindurchgehen.

Kommutationsbewegung bedeutet den von der Sonne aus gemessenen Ort eines Planeten. Sie ist also die Differenz zwischen der Bewegung des Planeten und der Sonne (bzw. der Erde).

Konjunktion eines Sterns tritt ein, wenn er zwischen Erde und Sonne zu stehen kommt, oder wenn die Sonne zwischen Erde und Stern tritt.

Obliquation nennt Kopernikus den Winkel zwischen der Ekliptik und der mittleren Ebene der zweiten Breitenschwingung der unteren Planeten, wenn die Erde in den Apsiden, also auf der Schwingungsachse der ersten Breitenschwingung steht (s. S. 104 Z. 4ff.).

Opposition tritt ein, wenn die Erde zwischen Sonne und Gestirn zu stehen kommt.

Parallaxe ist die Ortsverschiebung eines Gestirns am Fixsternhimmel, die eintritt, wenn es von verschiedenen Orten aus beobachtet wird.

Perigäum ist auf derselben Planetenbahn der Gegenpunkt des Apogäums (s. ds.).

Präzession bezeichnet die jährliche Bewegung des Frühlingspunktes nach rückwärts. Die Bezeichnung kommt daher, daß die alten Astronomen glaubten, die Fixsterne rücken nach vorne.

Prosthapherese nennt Kopernikus die Zusätze, die zur mittleren Bewegung hinzugefügt werden müssen, um die wahren Bewegungen zu erhalten. Sie können positiv und negativ sein.

Reflexion bedeutet bei Kopernikus den Winkel zwischen zwei sich schneidenden Ebenen, wenn er in der Richtung der Schnittgeraden betrachtet wird, im besonderen bei den Breiten der Planeten den Winkel der Obliquation (s. S. 104 Z. 5ff.).

Rektaszension siehe bei Aszensionaldifferenz.

Schiefe Aufsteigung s. Aszensionaldifferenz.

Solstitium, eigentlich Sonnenstillstand, bezeichnet den Sonnwendepunkt, weil dort die Sonne für eine kurze Zeit stillzustehen scheint, bevor sie die Bewegung zum Äquator hin beginnt.

Ungleichheit, Ungleichmäßigkeit (inaequalitas, diversitas) bezeichnen bei Rhetikus die regelmäßigen Änderungen der mittleren Bewegungen. Ungleichheit oder eigene Ungleichmäßigkeit nennt er die Änderungen, welche von der Exzentrizität der Planetenbahnen selber verursacht und gewöhnlich erste Ungleichheit genannt werden.

SCHRIFTTUM

Außer der im Text genannten Literatur und den bekannten Nachschlagewerken wurden benutzt:

Bender, Georg: Heimat und Volkstum der Familie Koppernick (Coppernicus). In: Darstellungen und Quellen zur schlesischen Geschichte 27. Breslau 1920.

Boll, Franz: Die Entwicklung des astronomischen Weltbildes in Zusammenhang mit Religion und Philosophie. In: Die Kultur der Gegenwart, hrsg. von Paul Hinneberg. Teil 3, Abtlg. 3, 3. Leipzig-Berlin 1921.

Brachvogel, Eugen: Nikolaus Koppernikus (1473—1543) und Aristarch von Samos (ca. 310—230 v. Ch.). In Zeitschr. f. d. Gesch. u. Altertumskde. Ermlands 1935.

Brachvogel, Eugen: Nikolaus Koppernikus. In Hochland, München 1940.

Caspar, Max: Keplers wissenschaftliche und philosophische Stellung. In: Schriften der Corona. München-Berlin-Zürich 1935.

Hepperger, J. v.: Mechanische Theorie des Planetensystems. In: Die Kultur der Gegenwart, hrsg. von Paul Hinneberg. Teil 3, Abtlg. 3, 3. Leipzig-Berlin 1921.

Kepler, Johannes, Neue Astronomie, übers. und eingeleitet von Max Caspar. München-Berlin 1926.

Kepler, Johannes: Das Weltgeheimnis, übers. und eingeleitet von Max Caspar. München-Berlin 1936.

Prowe, Leopold: Nicolaus Coppernicus. Bd. I: Das Leben. Bd. II: Urkunden. Berlin 1883/1884.

Schiaparelli, G. V.: Die Vorläufer des Copernicus im Altertum. Unter Mitwirkung des Verfassers ins Deutsche übertragen von Maximilian Curtze. In: Altpreuß. Monatsschrift 1876. Jg. 13.

Schmauch, Hans: Zur neuen polnischen Coppernicusbiographie von J. Wasiutynski. In: Jomsburg 1938.

Schmauch, Hans: Zur Coppernicusforschung. In: Zs. f. d. Gesch. u. Altertumskde. Ermlands 1931.

Wolf, Rudolf: Geschichte der Astronomie. In: Gesch. der Wiss. in Deutschland, neue Zeit. München 1877.

Zinner, E.: Das Leben und Wirken des Nikolaus Koppernick, genannt Coppernicus. In: Das Deutsche Museum, Abhandlungen und Berichte. 9. Jg., H. 6. Berlin 1937.

Zinner, E.: Die fränkische Sternkunde im 11. bis 16. Jahrhundert. Bamberg 1934.

NAMENVERZEICHNIS